Juan Antonio Alvarez

Procesamiento digital de imágenes con LabVIEW

Juan Antonio Alvarez

Procesamiento digital de imágenes con LabVIEW

Aplicaciones en sistemas biológicos y nanomateriales

Editorial Académica Española

Imprint
Any brand names and product names mentioned in this book are subject to trademark, brand or patent protection and are trademarks or registered trademarks of their respective holders. The use of brand names, product names, common names, trade names, product descriptions etc. even without a particular marking in this work is in no way to be construed to mean that such names may be regarded as unrestricted in respect of trademark and brand protection legislation and could thus be used by anyone.

Cover image: www.ingimage.com

Publisher:
Editorial Académica Española
is a trademark of
International Book Market Service Ltd., member of OmniScriptum Publishing Group
17 Meldrum Street, Beau Bassin 71504, Mauritius

Printed at: see last page
ISBN: 978-613-9-40906-8

Copyright © Juan Antonio Alvarez
Copyright © 2019 International Book Market Service Ltd., member of OmniScriptum Publishing Group

Agradecimientos

Gracias a mi esposa Selene Fernández Rocha y mi hija Xitalli Alvarez Fernández por compartir y apoyarme en los momentos más difíciles de vida y por incitarme a seguir el proceso de preparación y conclusión de mi maestría y proyecto de tesis.

Agradezco a mis maestros(as) los cuales tuvieron la paciencia de darme la oportunidad de aprender de sus conocimientos, a mis compañeros los cuales hicimos buen equipo de trabajo y tuvieron la amabilidad, de sacarme de algunas dudas cundo fue necesario.

A mis asesores y coasesores que me ubicaron en la dirección correcta para la culminación del proyecto de tesis, al coordinador Carlos Ricardo Contreras Gaitán por su paciencia, al maestro Enrique Noé Arias por sacarme de ciertas dudad y darme opciones a seguir, y al doctor Teodoro Córdova Fraga por haberme dado la oportunidad de trabajar en un proyecto.

INDICE GENERAL

Capítulo 1 1

1.   Descripción 1

1.1.   Resumen...1

1.2.   Introducción 2

1.3.   Antecedentes 2

1.4.   Análisis y Digitalización de Imágenes (ADI)..5

1.5.   Objetivo General 6

1.6.   Objetivos Específico..6

1.7.   Fundamentos Teóricos..6

1.8.   Validación 7

1.9.   Beneficios...7

1.10. Consecuencias de la Investigación 8

1.11. Alcances de la Investigación..8

Capítulo 2 9

2.   Marco teórico 9

2.1.   Imágenes digitalizadas 9

2.2.   ESTRUCTURA DE LAS IMÁGENES DIGITALES..11

2.3. Procesamiento de digitalización de imagen 13

2.4.   La dimensiones de Pixel..14

2.5.   Histograma 15

2.6.   Filtro tabla de búsqueda 15

2.7.   Morfología en escala de gris 16

2.8.   Filtro de frecuencias 16

2.9.   Filtro umbral 16

2.10. Filtro transformación morfológica primaria 16

2.11.   Rellenar huecos 17

Capítulo 3 18

3.   Algoritmo remover partículas 18

3.2.   Filtro contornear o envolver 18

3.3.   Analizar partícula 18

3.4.   Guardar resultados del análisis de partículas 18

3.5.   Materiales y método 19

3.6.   Filtrado de imágenes 19

3.7.   Obtener Imagen 19

3.8.   Seleccionar porción de la imagen 21

3.9.   Selección de punto 22

3.10.   Porción de una imagen 22

3.11.   IMAQ Histograma 23

3.12.   Lookup Table (Tabla de búsqueda) 24

3.13.   Grayscale Morphological Operations 26

3.14.   IMAQ GrayMorphology VI 26

3.15.   Threshold (Umbral): 28

3.16.   IMAQ Morphology VI 30

3.17.   Adv. Morphology 31

3.18.   Adv. Morphology IMAQ RemoveParticle VI 32

3.19.   Adv. Morphology Convex Hull 33

3.20.   IMAQ Convolute VI (curvar), ... 34

3.21.   IMAQ Particle Analysis VI 35

3.22.   VI, IVA Store Particles Results, ... 37

3.23.   Guardar datos 37

3.24.   Botón de acción Guardar datos (Save Button) 37

3.25.   Write To Spreadsheet File VI (Escribir en el archivo de hoja de cálculo VI).... 37

3.26. Read From Spreadsheet File VI (Leer desde el archivo de hoja de cálculo).... 38

3.27. Quit LabVIEW Function (Salir de la función LabVIEW).. 39

3.28. Algoritmo 40

3.29. Diagramas de flujo 41

Capítulo 4 50

4. Descripción de la aplicación 50

4.1. Icono de acceso directo para el uso de la aplicación el cual estará 50

4.2. Descripción de la ventana principal 50

4.3. Descripción de la interface principal 51

Capítulo 5 57

5. Resultados 57

5.1. Descripción de resultados 57

5.2. Porción uno de FOTO03 57

5.3. Porción dos FOTO03 59

5.4. Porción de FOTO06 61

5.5. Porción 2 de FOTO06 62

5.6. Porción de FOTO17 64

5.7. Porción de FOTO16 65

5.8. Porción de FOTO19 67

5.9. Porción de FOTO24 69

5.10. Porción de FOTO25 70

5.11. Porción de FOTO29 72

5.12. Porción dos de FOTO29 74

5.13. Porción de FOTO30 75

5.14. Porción de FOTO32 77

5.15. Porción de D040 79

5.16. Porción de D040 80

Conclusiones 83

Recomendaciones 84

Bibliografía 85

Anexos 86

    1.   **NI Vision Assistant** **86**

    2.   **Módulo de NI Vision** **87**

    3.   **Microsoft Excel** **87**

INDICE DE IMAGENES

1 Fig. (2.1) Vector vs Pixel.. 10

2Fig. (2.2) Foto Ampliada.. 10

3 Fig. (2.3). Escala de valores 11

4 Fig. (2.4) Pixeles Simples con tres materiales..................................... 13

5 Fig. (2.5), Valor de cada Pixel: se muestra un valor en dos tonos (0 = Blanco y 1 = Negro) 14

6 Fig. (2.6) imagen con dimensiones de (500px por 400px) 15

7 Fig. (3.1), (File Dialog), Cuadro de dialogo abrir archivo 20

8 Fig. (3.2), IMAQ ReadFile VI (Leer Archivo) 20

9 Fig. (3.3). IMAQ Create (Crear espacio en memoria temporal).............. 20

10 Fig. (3.4). IMAQ GetImageSize VI (Obtener tamaño de la imagen) 21

11 Fig. (3.5) IMAQ Select Point VI (Selección de punto de imagen) 21

12 Fig. (3.6.1), IMAQ Overlay Rectangle VI (Posición del Rectángulo) 22

13 Fig. (3.7), Sub1 VI Coordenadas de selección.................................... 22

14 Fig. (3.8).Selección de una porción de la imagen................................ 23

15 Figs. (3.9) Histograma descriptivo de una imagen 24

16 Fig. (3.10), IMAQ Histogram VI... 24

17 Figs. (3.11) Exposición de una imagen con un filtrado (Square) cuadrado 25

18 Fig. (3.12), IMAQ MathLookup VI (Tabla de búsqueda)........................ 25

19 Figs. (3.13) Morfología en Escala de Grises 26

20 Fig. (3.14), IMAQ GrayMorphology VI (Morfología en escala de grises) 27

21 Fig. (3.15). Porción de imagen con filtro FFT en pasa bajas 27

22 Fig. (3.16), IMAQ FFT VI 28

23 Fig. (3.17), IMAQ ComplexAttenuate VI 28

24 Fig. (3.18). Threshold (Umbral) 29

25 Fig. (3.19), Threshold (Umbral).. 29

26 Fig. (3.20) IMAQ Morphology VI 30

27 Fig. (3.21) IMAQ Morphology VI 30

28 Fig. (3.22.1), (3.22.1). Adv. Morphology (Morfología Avanzada), Fill Holl (Rellenar Objeto)
.... 31

29 Fig. (3.23). Fill Holl (Rellenar Objeto) 31

30 Adv. Morphology IMAQ RemoveParticle VI (Remover partículas) Figs. (3.24) 32

31 Fig. (3.25), IMAQ RemoveParticle VI (Remover partículas) 33

32 Fig. (3.26). Adv. Morphology (Morfología Avanzada), Convex Hull (Redondear Envolver)

.... 33

33 Fig. (3.27). Adv. Morphology (Morfología Avanzada), Convex Hull............................. 33

34 IMAQ Convolute VI (curvar), Figs. (3.29) 34

35 Fig. (3.26.3), IMAQ Convolute VI (curvar)... 34

36 Figs. (3.30), IMAQ Particle Analysis VI (Análisis de partículas) 35

37 Fig. (3.31) Grafica de resultados y tabla de Áreas 35

38 Figs. (3.32), IMAQ Particle Analysis VI (Análisis de partículas) 36

39 Fig. (3.33). VI, IVA Store Particles Results (Resultado de número de partículas)............. 37

40 Fig. (3.34). Write To Spreadsheet File VI (Escribir en el archivo de hoja de cálculo VI)... 38

41 Fig. (3.35). Read From Spreadsheet File VI (Leer desde el archivo de hoja de cálculo).. 39

42 Fig. (3.36). Quit LabVIEW Function (Salir de la función LabVIEW)................................. 39

43 Acceso directo AnalisisIMG Fig. (4.1).. 50

44 Fig. (4.2), Interface Principal 51

45 Fig. (4.3), botón de acción... 51

46 Fig. (4.4), cuadro de dialogo "Abrir Imagen"... 51

47 Fig. (4.5), Panel de Control 52

48 Fig. (4.6) Panel representativo del histograma 53

49 Fig. (4.7) Imagen origen cuadro de muestra 53

50 Fig. (4.8). Imagen tratada y area por particula.. 54

51 Fig. (4.9). Cantidad de partículas localizadas 54

52 Fig. (4.10). Lista de áreas por partícula.. 55

53 Fig. (4.11). Suma de áreas en pixeles... 55

54 Fig. (4.12). Coordenada de selección de punto (pixel) 56

55 Fig. (4.13). Almacenar datos... 56

56 Fig. (4.14). Cuadro de dialogo Guardar Archivo 56

57 Fig. (4.15), Botón acción cerrar aplicación.. 56

58 Fig. (5.1) toma de muestra FOTO03 1 58

59 Fig. (5.2) Resultado de filtrado FOTO03 1 58

60 Fig. (5.3) Grafica de resultados FOTO03 1 58

61 Fig. (5.4), toma de muestra FOTO03 2 59

62 Fig. (5.5), resultados de filtrado FOTO03 2 60

63 Fig. (5.6), Grafica de áreas FOTO03 2.. 60

64 Fig. (5.7), toma de muestra FOTO06 1 61

65 Fig. (5.8), resultados de filtrado FOTO06 1 61

66 Fig. (5.9), Grafica de áreas FOTO06 1 62

67 Fig. (5.10) toma de muestra FOTO06 2 63

68 Fig. (5.11) resultado de filtrado FOTO06 2 63

69 Fig. (5.12) Grafica de resultados FOTO06 2 63

70 Fig. (5.13), toma de muestra FOTO17 64

71 Fig. (5.14), resultados de filtrada FOTO17 65

72 Fig. (5.15), Grafica de áreas FOTO17 65

73 Fig. (5.16), toma de muestra FOTO16 66

74 Fig. (5.17), resultados de filtrado 66

75 Fig. (5.18), Grafica de áreas FOTO16 67

76 Fig. (5.19), toma de muestra FOTO19 68

77 Fig. (5.20), resultados de filtrada FOTO19 68

78 Fig. (5.21), Grafica de áreas FOTO19 68

79 Fig. (5.22), toma de muestra FOTO24 69

80 Fig. (5.23), resultados de filtrado FOTO24 70

81 Fig. (5.24), Grafica de áreas FOTO24 70

82 Fig. (5.25), toma de muestra FOTO25 71

83 Fig. (5.26), resultados de filtrado FOTO25 71

84 Fig. (5.27), Grafica de áreas FOTO25 72

85 Fig. (5.28), toma de muestra FOTO29 73

86 Fig. (5.29), resultados de filtrado FOTO29 73

87 Fig. (5. 27), Grafica de Áreas FOTO29 73

88 Fig. (5.31), toma de muestra FOTO29 2 74

89 Fig. (5.32), resultados de filtrado FOTO29 2 75

90 Fig. (5.33), Grafica de resultados FOTO29 2 75

91 Fig. (5.33), toma de muestra FOTO30 76

92 Fig. (5.34), resultados de filtrado FOTO30 76

93 Fig. (5.35), Grafica de Áreas FOTO30 77

94 Fig. (5.36), toma de muestra FOTO32 78

95 Fig. (5.37), resultados de filtrado FOTO32 78

96 Fig. (5.38), Grafica de Áreas FOTO32 78

97 Fig. (5.39), toma de muestra D040 79

98 Fig. (5.40), resultados de filtrado D040 79

99 Fig. (5.41), Grafica de Áreas D040 80

100 Fig. (5.39), toma de muestra D039 81

101 Fig. (5.40), resultados de filtrado D039 81

102 Fig. (5.41), Grafica de Áreas D039 82

103 Fig. (6.1) Icono de acceso directo NI Vison Assistant 86

104 Fig. (6.2), Interfaz de NI Vision Assistant 86

105 Fig. (6.3) Modulo Vision and Motion 87

106 Fig. (6.4), Microsoft Excel Modulo de Graficado de datos 88

1 Tabla (5.1) áreas por partícula FOTO03 1 58

2 Tabla (5.2), áreas por partícula FOTO03 2 60

3 Tabla (5.3) áreas por partícula FOTO06 1 62

4 Tabla (5.4) áreas por partícula FOTO06 2 63

5 Fig. (5.5), áreas por partícula FOTO17 65

6 Tabla (5.6) áreas por partícula FOTO16 67

7 Tabla (5.7) áreas por partícula FOTO19 68

8 Tabla (5.8) áreas por partícula FOTO24 70

9 Tabla (5.9) áreas por partícula FOTO25 72

10 Tabla (5.10) áreas por partícula FOTO29 73

11 Tabla (5.11) áreas por partícula FOTO29 75

12 Tabla (5.12) áreas por partícula FOTO30 77

13 Tabla (5.13) áreas por partícula FOTO32 78

14 Tabla (5.14) áreas por partícula D040 80

15 Tabla (5.15) áreas por partícula D039 81

INDICE DE ACRONOMOS

(NI) National Instrument

(PDI) Procesamiento Digital de Imágenes

(ADI) Análisis y Digitalización de Imágenes

(RGB) Red, Green and Blue (Rojo, Verde y Azul)

(ppp) Putos por pulgada.

(LUT) Lookup Table

(PX) Pixel

(VI) Proceses que pertenece a LabVIEW

Capítulo 1

1. Descripción

En este capítulo se describe la información relacionada con el resumen, la introducción y antecedentes los cuales describen información relacionada a las imágenes digitales, los objetivos de este proyecto y los beneficios y alcances de la investigación

1.1. Resumen

En el presente trabajo se creara un algoritmo para medir, cuantificar y determinar las diferencias de cambios y formas en las imágenes que se tomaron a través de un microscopio en tres amplificaciones diferentes. Se implementa una aplicación en la plataforma **LabVIEW**. Los algoritmos implementados son, apertura y corte de sección de imagen, operadores de filtrado y cuantificación de pixeles.

En esta aplicación se trabaja con imágenes de células obtenidas del fémur de un animal, con propósitos de demostrar que esta aplicación es aceptable.

Al tratar las imágenes, se pasa por varios proceso de filtrado sin modificar su estructura, este proceso tiene características definidas para limpiar y mostrar únicamente las partículas más importante.

1.2. Introducción

Al procesamiento digital de imágenes se le conoce como la extracción derivada representada gráficamente en dos o tres dimensiones, en la cual se puede hacer un análisis digital. Al adquirir una imagen se puede procesar a partir de una base de reconocimiento, para posteriormente iniciar el tratamiento de filtrado, el cual permite pasar al proceso de segmentación, con la cual se extraerán y seleccionar los rangos, para posteriormente cuantificar dimensiones de contenidos importantes. Para este tipo de proceso dependerá de la aplicación que se esté trabajando.

1.3. Antecedentes

En el procesamiento digital de imágenes se remonta aproximadamente en el año de 1921, que fue cuando se imprimió la primera fotografía, en aquella época la codificación y transmisión de datos se realizaba por cable submarino entre las ciudades de Londres y Nueva York, en donde se reconstruía y se imprimía.

Una mejora al procesamiento ocurrió 1922 cuando se empleó una técnica basada en la reproducción fotografía a través de cintas perforadas en las terminales telegráficas receptoras, que permitieron 5 niveles de gris. Hacia 1929, la técnica se mejoró hasta obtener 15 niveles de gris en la reproducción de una fotografía.

Dada su definición en la historia de *Procesamiento Digita de Imágenes* (PDI, *por sus siglas en inglés*), está directamente relacionado con el desarrollo y evolución de las computadoras, dado que las PDI requieren de un alto poder computacional para almacenar y procesar imágenes. Por lo tanto su progreso ha ido de la mano con el desarrollo de tecnologías de hardware.

Durante de 1972, *National Instrument* (NI), implementa una cámara, pero fue no registrada y Kodak 1975 inventa una cámara fotográfica electrónica de estado sólido, que es con la que se supone fueron tomadas las primeras *Procesamiento Digital de Imágenes* (PDI) en *Red, Green y Blues*, (RGB *por sus siglas en inglés*)[1].

La historia del PDI se remonta a la década de los 60 y está directamente ligada con el desarrollo y evolución de las computadoras. Su progreso ha ido de la mano con el desarrollo de las tecnologías de hardware, ya que requiere un alto poder y recursos computacionales para almacenar y procesar las imágenes. De igual manera el desarrollo de los lenguajes de programación y los sistemas operativos han hecho posible el crecimiento continuo de aplicaciones relacionadas al procesamiento de imágenes, tales como: imágenes médicas, satelitales, astronómicas, geográficas, arqueológicas, biológicas, aplicaciones industriales, entre otras [2].

Muchas de las técnicas de procesamiento digital de imágenes, o de procesamiento de la imagen digital, ya que a menudo así se le llama, se desarrollaron en la década de 1960 en el Laboratorio de Propulsión a Chorro, Massachusetts Institute of Technology, de los Laboratorios Bell, de la Universidad de Maryland, y algunas otras instalaciones de investigación, con aplicación a las imágenes, alambre-photo conversión de normas por satélite, imágenes médicas, videoteléfono, el reconocimiento de caracteres y el mejoramiento fotografía. El costo del tratamiento era bastante alto, sin embargo, con los equipos informáticos de la época. Eso cambió en la década de 1970, cuando el procesamiento de imágenes digitales proliferó como las computadoras más baratas y hardware dedicado llegó a estar disponible. Imágenes a continuación, podrían ser procesadas en tiempo real, para algunos problemas específicos, tales como la conversión de normas de televisión. Mientras que las computadoras de propósito general se hicieron más rápidas, comenzaron a asumir el papel de un hardware dedicado para todos [3].

Un sistema de visión artificial actúa sobre una representación de una realidad que le proporciona información sobre brillo, colores, formas, etc. Estas representaciones suelen estar en forma de imágenes estáticas, escenas tridimensionales o imágenes en movimiento. Se trabajará sobre imágenes estáticas.

La digitalización, es el proceso de paso del mundo continuo (o analógico) al mundo discreto (o digital) mediante el cual se genera una imagen bidimensional, que es una función que a cada par de coordenadas (x, y) asocia un valor relativo a alguna propiedad del punto que representa (por ejemplo su brillo o su matiz) [4].

1.4. Análisis y Digitalización de Imágenes (ADI)

El análisis de imágenes es una herramienta capaz de procesar y de analizar los objetos que forman una imagen de interés para un estudio específico.

En un principio, el análisis morfológico de los objetos se llevaba a cabo por medio de métodos cualitativos, que solo lograban dar una descripción subjetiva de sus propiedades físicas. Sin embargo, el análisis digital de imágenes (ADI) es un método de evaluación simple, no invasivo o destructivo, que proporciona información en un tiempo determinado y que presenta potencial para automatizarse con el fin de caracterizar diversos tipos de formas irregulares, que tienen determinada similitud entre sí, logrando cuantificar cualidades en los objetos [5].

En caso las ciencias médicas, existen varios tipos de exámenes, como el conteo de células tipo T, conteo de glóbulos rojos o el Frotis de sangre que requieren determinar la cantidad de células presentes en una muestra, esto con el fin de descartar o confirmar la presencia de alguna enfermedad o cuando el médico sospecha de una anomalía de algún tipo de célula. Uno de los métodos que se emplea en la actualidad se denomina el de la Cámara de contaje celular o Cámara de Neubauer. La exactitud y la velocidad con que se obtiene el resultado de este examen dependen en parte, de la experiencia de la persona que examina la muestra, ya que el conteo se realiza de forma manual [6] [7].

Índice mitótico: Proporción de células en cualquier fase de la mitosis dentro de la población celular analizada. De los datos obtenidos se calcula la duración relativa de la mitosis y de la interface, siempre y cuando la población celular este en equilibrio dinámico.

Índice de fase: Proporción de células en profase, metafase, anafase o telofase dentro de la población de células analizadas.

Índice mitótico parcial: calculado como la media de los valores obtenidos en observaciones realizadas en diversos intervalos de tiempo [8][9].

1.5. Objetivo General

Automatizar una rutina de procesamiento digital de imágenes que permita cuantificar áreas en cultivos celulares y correlacionar segmentos mediante el conteo de grupos de pixeles en partículas de una muestra de una imagen digital.

1.6. Objetivos Específico

- Hacer un algoritmo para cuantificar cambios en las células de las imágenes Obtenidas.
- Lograr que la medición de la células, sea lo más rápido por medio del algoritmo, que con las mediciones tradicionales.
- Calcular el área de cada partícula así como suma total de área en (pixeles).
- Obtener la mejor medición de la imagen.

1.7. Fundamentos Teóricos

Este proyecto está enfocado en hacer cortes, cuantificar y calcular en pixeles de las partículas encontradas en las imágenes, con la finalidad de adquirir diferencias de cambios en cada una de ellas. Partiendo de un concepto de visión artificia, se pretende dar una explicación de cómo cargar, contrastar, filtrar y contabilización binaria de imágenes mediante el uso de las herramientas de **LabVIEW e IMAQ Visión**, para facilitar el tratado de las imágenes.

1.8. Validación

Hay gran disposición de recursos para llegar a término de esta aplicación, para la agilización de resultados de diferencias y cambios en las imágenes.

En el caso de costos, los recursos tanto de software y las herramientas son otorgados por la universidad.

1.9. Beneficios

Los diversos laboratorios de la región que realizan investigación a través de la proliferación celular, realizan el conteo y medición de células manualmente. Esta actividad podría realizarse mediante, la automatización de una rutina desarrollada en plataforma **LabVIEW**, la cual puede incluir la determinación promedio del diámetro celular.

Los beneficios son diversos, ya que se cuantifica el número total de partículas, se puede tener diversas gráficas de los espectros requeridos de según la investigación en cuestión, además la comparación de las imágenes digitalizadas de los diversos sistemas biológicos a los que se apliquen. Este trabajo puede emplearse en el monitoreo de procesos con la finalidad de definir bordes, eliminar ruido, extraer información; así como emplearse como herramientas de calibración de imagen para eliminar los errores de linealidad y perspectiva causada por distorsiones de los lentes o colocación de las cámaras, también se puede utilizar calibración de imagen para hacer pruebas con dimensiones o tamaños.

Las características elementales estarán explícitamente presentes en los datos adquiridos y pueden ser pasados directamente a la etapa de clasificación. Las características de alto orden son derivadas de las elementales y son generadas por manipulaciones o transformaciones en los datos.

1.10. Consecuencias de la Investigación

No hay efectos negativos.se pretende obtener datos valioso para ver cambios en el fémur, con la finalidad de diagnosticar preventivamente problemas de osteoporosis, los cuales pueden generar problemas en edades avanzadas. Existe un gran interés por la conclusión de la aplicación, para ver resultados.

1.11. Alcances de la Investigación

Esta investigación es descriptiva porque pretende analizar y describir la información obtenida de las imágenes tomadas.

Capítulo 2

2. Marco teórico

Se describirá lo relacionado a la digitalización de una imagen, como se componen un pixel y sus características de color e información relacionada con el análisis de imagen digital.

2.1. Imágenes digitalizadas

Es una representación bidimensional de una imagen a partir de una matriz numérica, frecuentemente en binario (bits). Dependiendo de si la resolución de la imagen es estática o dinámica, puede tratarse de una imagen matricial (o mapa de bits) o de un gráfico vectorial, fig. (2.1). El mapa de bits es el más utilizado, aunque los grafico los gráficos vectoriales tienen uso amplio en la autoedición y las artes gráficas.

Un tipo de imagen que puede ser manipulada por una herramienta informática, se le conoce a la transformación analógica en una digital, es lo que conocemos como digitalización, la formación y tipos de imágenes desde un punto de vista físico, una imagen puede considerarse como un objeto plano cuya intensidad luminosa y color pueden varia de un punto a otro. Si se trata de una imagen monocromática (blanco y negro), se puede representar como una función continua $f(x, y)$ donde (x, y) son sus coordenadas y el valor de f es proporcional a la intensidad de luminosidad (niveles de gris), en ese punto [10].

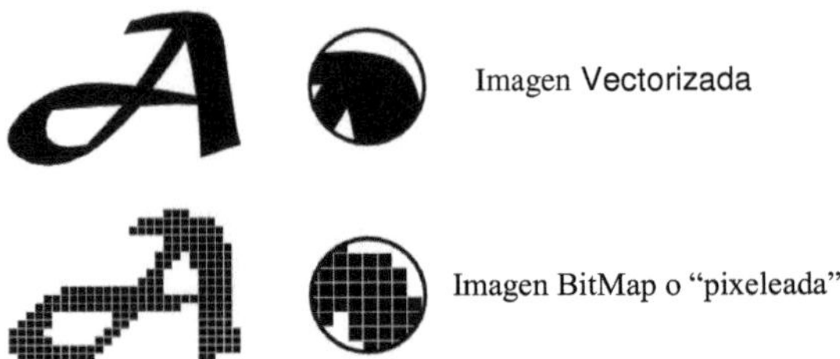

Fig. (2.1) Vector vs Pixel

Una Imagen Digital es una foto electrónica tomada de un escenario o escaneada de un documento: fotografías, manuscritos, textos impresos e ilustraciones. Se obtiene mediante la codificación de un mapa de la imagen en forma de cuadricula de puntos, llamados pixeles, que definen los elementos de la figura. A cada pixel se le asigna un valor tonal (negro, blanco, matrices de gris o color), el cual está representado en un código viario (ceros y unos). Este valor tonal para cada pixel está definido por "bits", los cuales son almacenados por un dispositivo electrónico en una secuencia, y con frecuencia se los reduce a una representación matricial (comprimida), como se muestra en la Fig. (2.2). Luego el dispositivo electrónico interpreta y lee los bits para producir una versión analógica para su visualización o impresión.

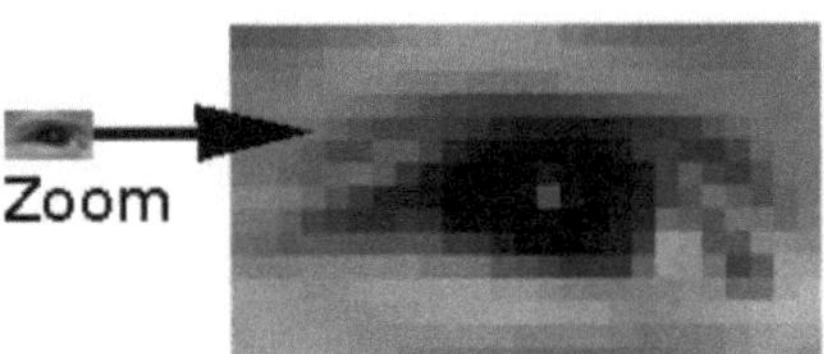

Fig. (2.2) Foto Ampliada

- La Resolución de una imagen es la capacidad de distribuir los detalles especiales finos de una imagen digital, expresados por DPI (*dost-per-inc*) Puntos Por Pulgada, o por el PPI (*pixel-per-inch*) Pixeles Por Pulgada.

- Las Dimisiones de Pixeles son las medidas horizontales y verticales de una imagen, expresadas en pixeles. Se pueden determinar multiplicando tanto el ancho como la altura por el DPI, una cámara digital por ejemplo una 2.048 por 3.072). El DPI.

2.2. ESTRUCTURA DE LAS IMÁGENES DIGITALES

Una imagen digital consiste de elementos discretos denominados pixeles. Estos elementos bidimensionales constituyen los menores elementos no divisibles de la imagen. En la fig. (2.3). Vemos en forma esquemática cómo una imagen digital está compuesta de pixeles ubicados en la intersección de cada fila i y columna j en cada una de las k bandas correspondientes a una dada escena.

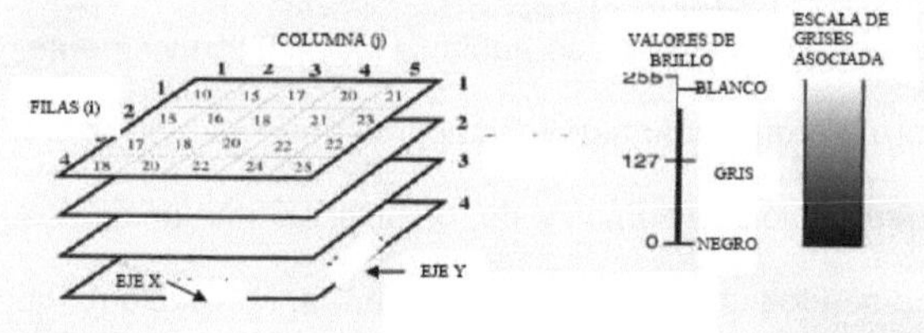

Fig. (2.3). Escala de valores

Cada pixel en cada banda está en perfecto registro geométrico con sus equivalentes de las restantes bandas. Asociado a cada pixel existe un número (Número Digital, DN) que mide la radiancia promedio o brillo correspondiente al área de escena abarcada por dicho pixel. En una base binaria de 8 bits el DN poseerá 28 valores en un rango de 0 a 255.

Estos valores pueden ser modulados para producir en la pantalla de una computadora un escala de grises que va desde el negro (DN = 0) hasta el blanco (DN = 255). O sea que para cada pixel en una escena que consta de k bandas espectrales habrá asociados *k* niveles de grises. Estos definen un espacio espectral k dimensional en el que cada pixel es representado por un vector que constituye su firma espectral y que permitirá, a través de operaciones de clasificación basadas en algoritmos matemático-estadísticos, asignar dicho pixel a clases temáticas definidas. El área terrestre representada por un pixel está determinada por la altura del sensor y los parámetros de diseño de éste, particularmente el campo de visión instantáneo (IFOV), *"field of view"*. Obviamente al reducirse dicha área más detalles de la imagen serán aparentes, es decir que aumenta la resolución espacial.

En esta rápida revisión no ha aparecido nada esencialmente nuevo acerca de los conceptos que ya se habían analizado previamente. Sin embargo, vamos ahora a profundizar algo más acerca de la estructura espectral de un pixel. De acuerdo a lo que hemos visto, un pixel es una unidad espacial arbitraria cuyas propiedades básicas (tamaño, forma, ubicación) quedan principalmente definidas por variables dependientes del sensor y no directamente por las propiedades del terreno. Sin embargo, debemos considerar que de acuerdo a las características del terreno (textura, coberturas, etc.) el área abarcada por un pixel puede incluir más de un tipo de objetos o clases temáticas, por ej. arbustos, pasturas, suelo descubierto, agua, etc. Evidentemente la radiación reflejada correspondiente a dicho pixel que llega al detector estará compuesta por las contribuciones de las firmas espectrales de las clases temáticas que incluye, tal como se esquematiza en la Fig. (2.4)[11].

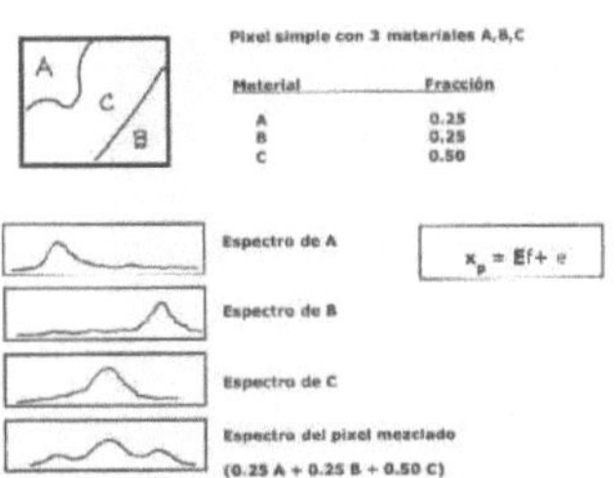

Fig. (2.4) Pixeles Simples con tres materiales

2.3. Procesamiento de digitalización de imagen

Al proceso de digitalización de imagen se inicia cuando se utiliza un dispositivo electrónico, ya sea un escáner, una cámara digital, un microscopio digital, y con esto una imagen impresa en papel, manuscrito o una toma con una toma con un dispositivo, pasa a hacer una imagen electrónica, con este proceso se genera un mapa de bist con características matricial y un valor de color para cada pixel (blanco, negro, matrices de gris o color), estos códigos se representan en (ceros y unos), que representan a los dígitos binarios, cada pixel es almacenado en un dispositivo electrónico y con esto lo reduce a una representación matricial, con esto el dispositivo lo interpreta y lee os bits para producir una versión analogía para su visualización o impresión Fig. (2.5).

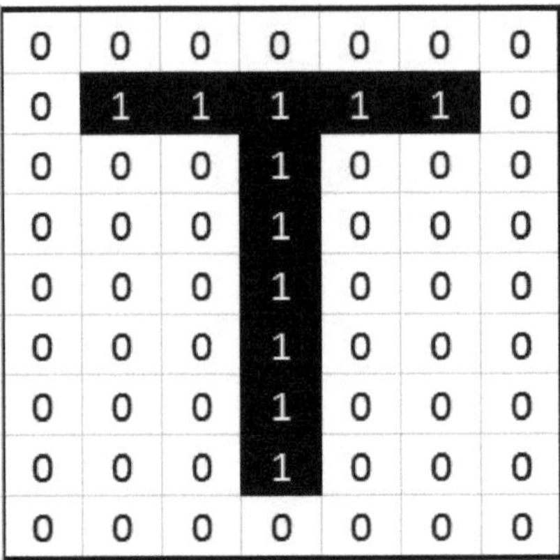

Fig. (2.5), Valor de cada Pixel: se muestra un valor en dos tonos (0 = Blanco y 1 = Negro)

El procedo de filtrado de una imagen pude ser desde un histograma, un limpiado de segmentos de pixeles que no representan nada dentro de imagen y hasta la mejora de la resolución de una imagen en este caso se hablare del histograma de una imagen y limpieza de una de pixeles que no representan valor táctico de medición en una imagen digital [12].

2.4.   La dimensiones de Pixel

Son las medidas horizontales y verticales de una imagen expresadas en pixeles. Las dimensiones se pueden obtener mediante la multiplicación del ancho por el alto y el resultado representara la cantidad de pixeles que contiene la imagen. Ejemplo una imagen que contiene un 500px por 400px el resultado será el total en (200000px). Fig. (2.6).

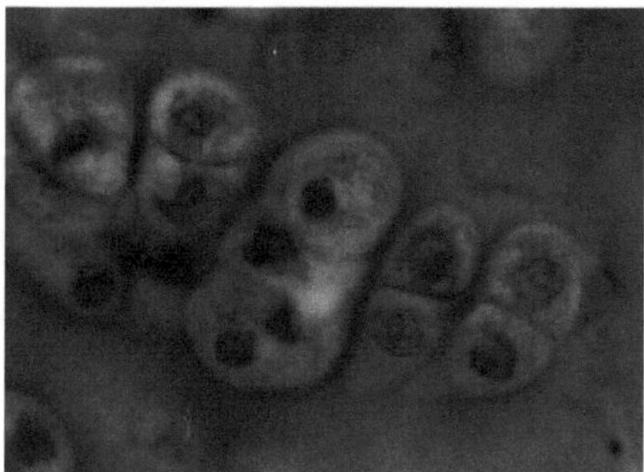

Fig. (2.6) imagen con dimensiones de (500px por 400px)

2.5. Histograma

Histograma de una imagen digital es una representación gráfica de la distribución de los distintos tonos de una imagen, puede ayudarnos para controlar la exposición en muestras de fotos, así como para corregir los colores y resulta ser muy útil para determinar el contraste o exposición de una imagen digital.

Los histogramas se pueden aplicar con programas de edición de imagen la gran mayoría de ellos los tienen, esto con la finalidad de generar un reporte ya sea de forma gráfica o descriptiva de las características de los contenidos de pixeles de un una imagen digital [13].

2.6. Filtro tabla de búsqueda

Al aplicar una tabla de búsqueda en una imagen, relaciona los pixeles adyacentes y los define y modifica el rango en toda imagen.

2.7. Morfología en escala de gris

Las operaciones morfológicas simplifican las imágenes y conservan las características principales. Un sistema de operaciones de este tipo y estructura permiten que las formas adyacentes sean identificadas y compuestas de forma recomendable. Estas manipulaciones son frecuentes antes de procesar una imagen.

2.8. Filtro de frecuencias

Los filtros de frecuencias generan un negativo de la imagen, el cual permite aplicar y agrupar pixeles adyacentes ya sea en los bordes o hacia el centro.

2.9. Filtro umbral

La umbralizacción es un método de segmentación. El objetivo es convertir una imagen en escala de gris en una nueva con solo dos niveles, de manera que los objetos queden separados del fondo.

2.10. Filtro transformación morfológica primaria

Esta técnica matemática se utiliza para el análisis de la estructura geométrica basada en la teoría de conjuntos. Esta morfología comúnmente es aplicada a las imágenes digitales.

2.11. Rellenar huecos

Este algoritmo permite rellenar huecos, los cuales admiten una restauración de

las partículas, el rellenado no modifica las dimensiones, el procedo es identificar

las partículas con huecos, esto se hace al binarias la imagen.

Capítulo 3

3. Algoritmo remover partículas

Remueve partículas dependiendo de la matriz especificada, esto con la finalidad de limpiar partículas que no representan relevancia ni afectan en las dimensiones en la imagen digital.

3.1. La envolvente convexa:

Envoltura convexa es uno de los que permite una construcción geométrica de las partículas detectadas de una imagen, al hacer un cierre convexo no se hace de forma natural.

3.2. Filtro contornear o envolver

Este filtro contorne una imagen binaria, la cual envuelve las partículas detectadas de una imagen 2D.

3.3. Analizar partícula

Realiza un conteo y calcula el área de cada partícula detectada la mostrar la cantidad y dimensión de cada una de ellas, así como la sumatoria de todas las áreas.

3.4. Guardar resultados del análisis de partículas

Los resultados son guardados en un documento o archivo el cual se puede abrir o visualizar en una hoja de cálculo.

3.5. Materiales y método

En esta sección se describe los diagramas algoritmos y características de
funcionamiento de la aplicación.

Diagrama a bloques de proceso de tratamiento de imágenes

3.6. Filtrado de imágenes

Descripción de corte y filtrados de una porción de imagen, muestra el filtrados y
conteo de partículas, área de catada partícula y suma de reas en pixeles.

3.7. Obtener Imagen

Se realiza mediante el un proceso de cuadro de dialogo, con el cual se
selecciona la ruta y el tipo de imagen, este cuadro de dialogo es esencial para
abrir y poder analizar la imagen. Los parámetros a utiliza son start path para

estableces la ruta de acceso, pattern (all files), para establecer el tipo de archivo

y selected path, para la salida de la imagen. Fig. (3.1).

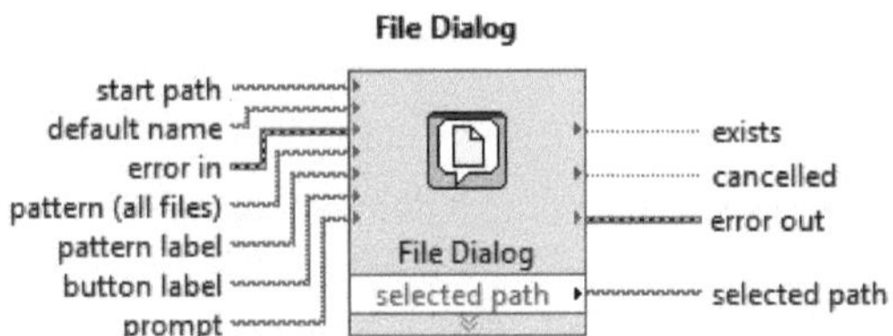

Fig. (3.1), (File Dialog), Cuadro de dialogo abrir archivo

- IMAQ ReadFile: (Leer Archivo), permite leer un archivo de formato estándar
  como (BMP, JPEG, TIF o PNG), o un formato no estándar conocido por el
  usuario. Fig. (3.2), los parámetros a utilizar son entada y salida de imagen.

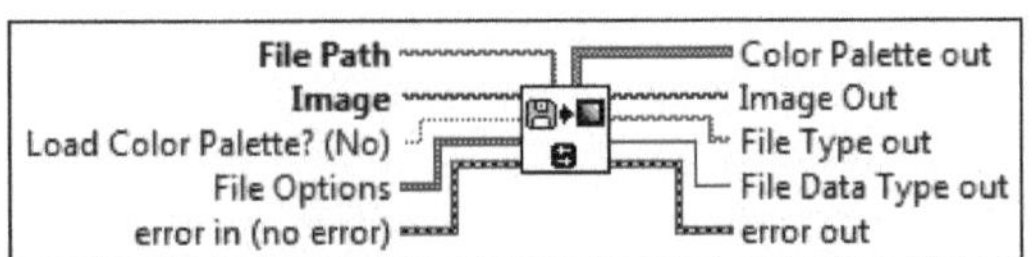

Fig. (3.2), IMAQ ReadFile VI (Leer Archivo)

- IMAQ Create (Crear espacio en memoria temporal), esta VI genera un espacio
  de memoria temporal para la imagen. Fig (3.3). Los parámetros a utilizar el
  nombre de la imagen y nueva imagen.

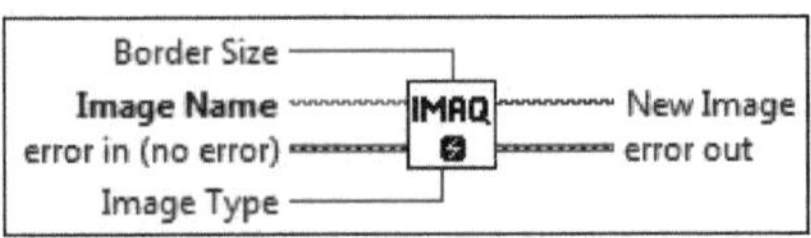

Fig. (3.3). IMAQ Create (Crear espacio en memoria temporal)

- IMAQ GetImageSize (Obtener el tamaño de la imagen), este VI permite estandarizar el tamaño de la imagen a representar en pantalla, no modificado ni su estructura ni su resolución. Fig. (3.4). Los parámetros a utilizar son entrada y salida de la imagen, la resolución en X y la resolución en Y.

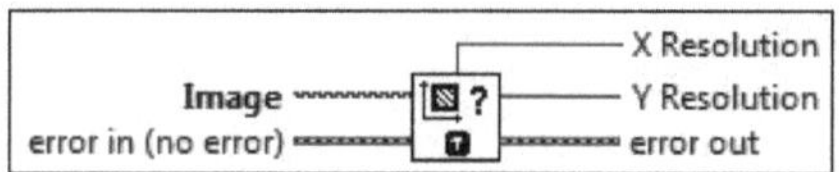

Fig. (3.4). IMAQ GetImageSize VI (Obtener tamaño de la imagen)

3.8. Seleccionar porción de la imagen

IMAQ Select Point VI (Seleccionar un punto de la imagen), Permite especificar la posición de un punto en la imagen. IMAQ Select Point muestra la imagen en la ventana especificada y proporciona una herramienta de punto. IMAQ Select Point devuelve las coordenadas del punto seleccionado cuando el usuario hace clic en OK en la ventana. Fig. (3.5). los parámetros a utilizar son entrada salida de imagen, Prompt especifica una cadena de mensaje que se mostrará en la barra de título de la ventana. Utilice este control para proporcionar al usuario instrucciones sobre cómo seleccionar el objeto, Point específica las coordenadas del punto elegido por el usuario.

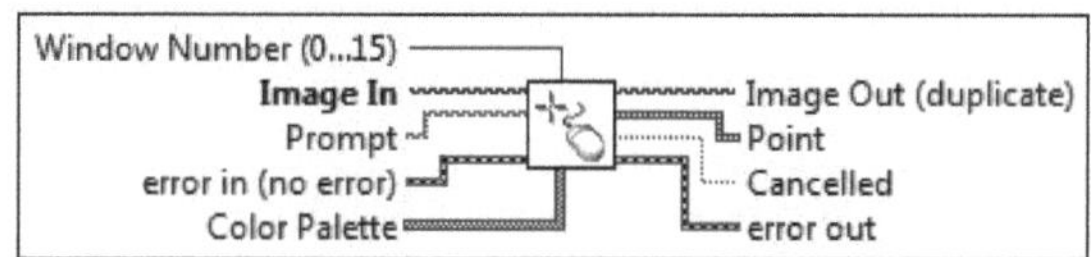

Fig. (3.5) IMAQ Select Point VI (Selección de punto de imagen)

- IMAQ Overlay Rectangle VI (Posición de rectángulo), pone un rectángulo en una imagen como selección. Los parámetros utilizados son, entrada y salida de imagen, Rectangle (rectángulo) especificar las coordenadas. Fig. (3.6.1).

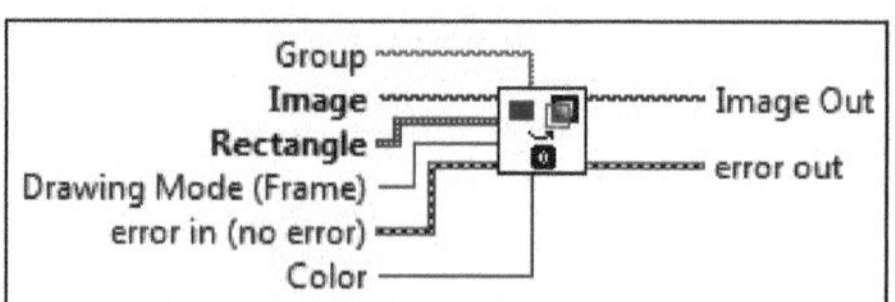

Fig. (3.6.1), IMAQ Overlay Rectangle VI (Posición del Rectángulo)

3.9. Selección de punto

Este proceso permite la selección de una porción de la imagen en 400px por 300px de la imagen. Fig. (3.7). parámetros entrada y salida de coordenadas.

Fig. (3.7), Sub1 VI Coordenadas de selección

3.10. Porción de una imagen

Dicha porción esta estandarizada en medidas de anchura de 400px. y altura de 300px y una resolución de 200 ppp (puntos por pulgada). Fig. (3.8).

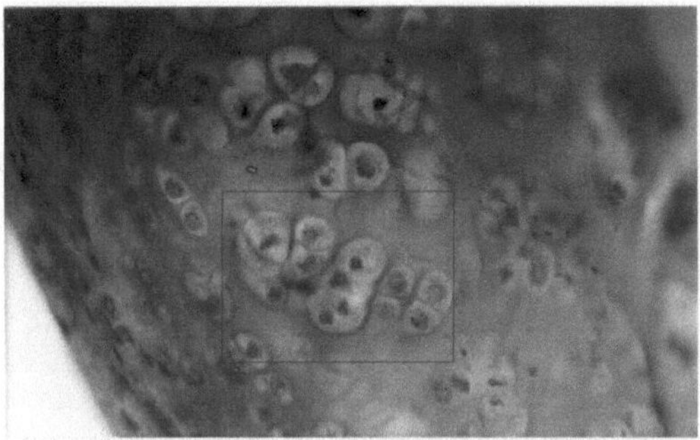

Fig. (3.8).Selección de una porción de la imagen

- Se deberá tomar en cuenta la posición del punto de selección, con la finalidad de que no se salgan las coordenadas de la imagen, en caso de no hacerlo deberá volver a posicionar el punto de selección.

3.11. IMAQ Histograma

Descripción de un histograma: contienen información de un valor máximo y mínimo de pixeles, un valor inicial, un ancho de intervalo, un valor medio, una desviación estándar y una área total de la imagen o porción de una imagen, Figs.(3.9).

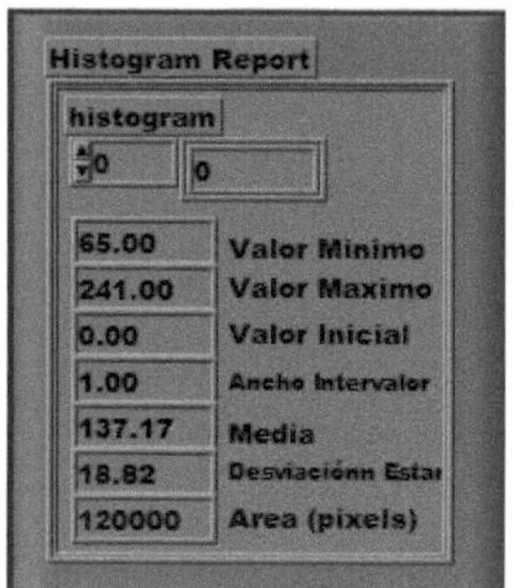
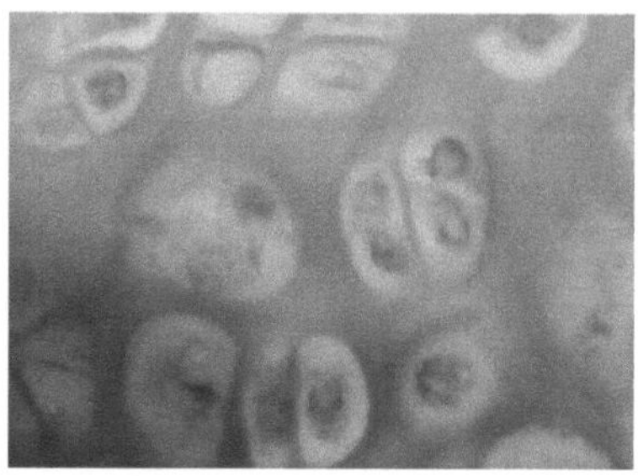

Figs. (3.9) Histograma descriptivo de una imagen

- Se determinaron usar los parámetros de IMAQ Histograma para mostrar un reporte estadístico de la porción de la imagen, los parámetros son entrada de Imagen, error in e *Histogram Report* fig. (3.10).

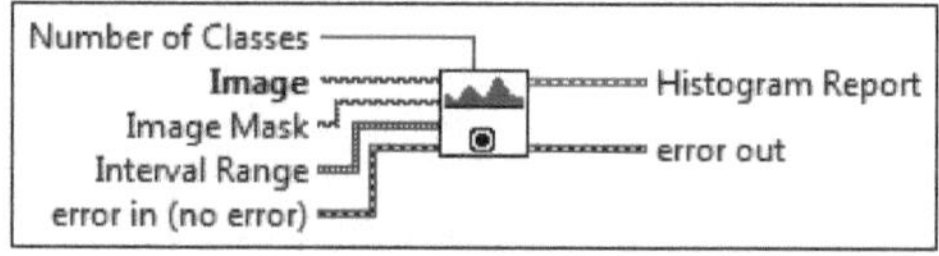

Fig. (3.10), IMAQ Histogram VI

3.12. Lookup Table (Tabla de búsqueda)

Mejora el contraste y el brillo mediante una tabla de búsqueda de una imagen. (*Lookup Table*) LUT por sus siglas en inglés transforma los valores de la escala de gris de una imagen. El valor predeterminado para las imágenes se estandarizo con (Square) cuadrado.

- (Square) cuadrado: es utilizado para reducir el contraste en las regiones oscura de la porción de la imagen y lo expone aun efecto más gradual. Figs. (3.11).

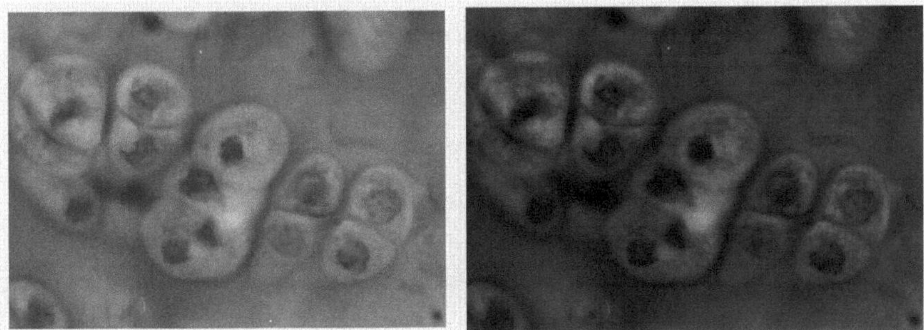

Figs. (3.11) Exposición de una imagen con un filtrado (Square) cuadrado

- Los parámetros que se determinaron a utilizar son, entrada, salida de imagen y Value X la cual determinar el valor de localización de pixeles. Fig. (3.12)

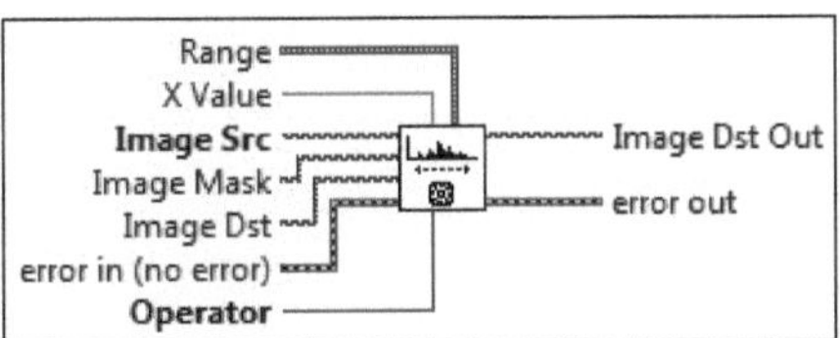

Fig. (3.12), IMAQ MathLookup VI (Tabla de búsqueda)

3.13. Grayscale Morphological Operations

(Operaciones Morfológicas en Escala de Grises): Afecta a la estructura de los objeto de las imágenes en escala de grises, expande o reduce objeto, rellenando orificios, cerrando partículas o suavizando limites esto con la finalidad de delinear objetos y prepararlos para el umbral y el análisis cuantitativo. El control Erod (Erocionar), reduce el brillo de los pixeles que están rodeados por otros por una intensidad más baja, Figs. (3.13)

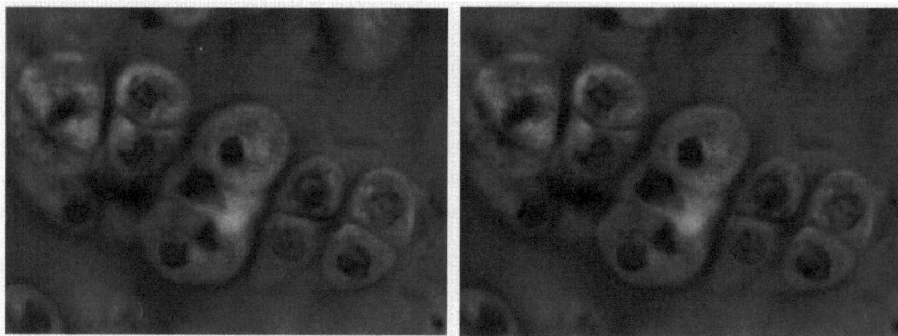

Figs. (3.13) Morfología en Escala de Grises

3.14. IMAQ GrayMorphology VI

(Morfología en escala de grises), determina el tipo de morfología a utilizar en la porción de la imagen, los parámetros a utilizar son entrada, salida de imagen, Operation (operador) determina tipo de morfología a utilizar y Structuring Element (Elemento estructurado) en 2D el arreglo determina el tamaño del proceso. Se utiliza en elementos estructurados 3 x 3, Fig. (3.14).

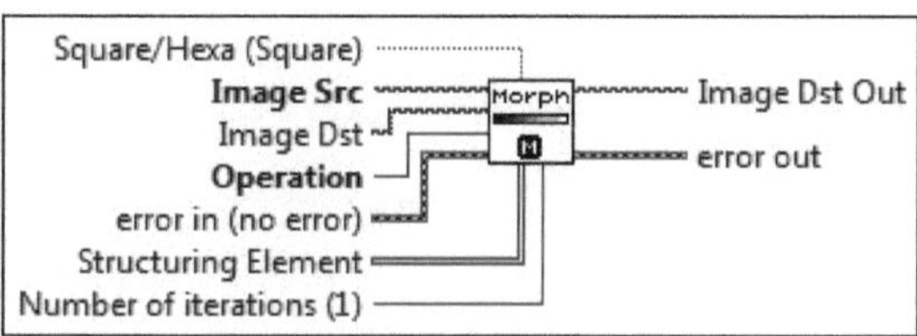

Fig. (3.14), IMAQ GrayMorphology VI (Morfología en escala de grises)

- Fiter FFT (Filtro FFT): Aplica un filtro de frecuencia a la imagen. Esta función realiza tres pasos. En primer lugar, encuentra la transformada rápida de Fourier (FFT) de la imagen fuente, que es una imagen compleja. Entonces la función filtra (trunca o atenúa) la imagen compleja. Finalmente, calcula la FFT inversa. Generalmente, el Filtro FFT se utiliza para calcular fondos para corregir las derivas de luz. Figs. (3.15).

- Attenuate: Atenúa las frecuencias de una imagen compleja modo "Low Pass" (Pasa bajas).

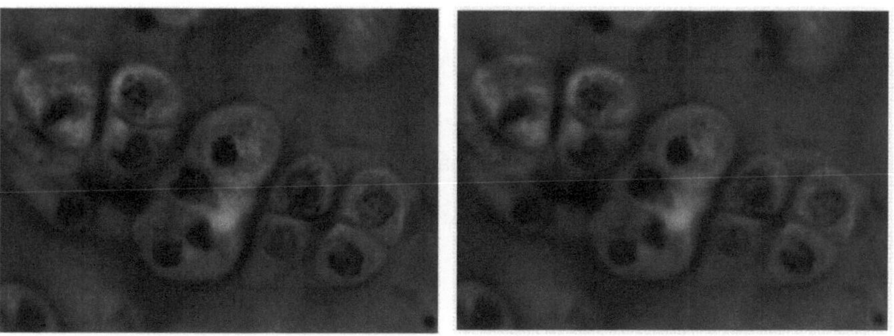

Fig. (3.15). Porción de imagen con filtro FFT en pasa bajas

- El parámetro Image Scr, se refiere al origen de la imagen con la cual se tratando, parámetro Image Dst, se refiere al destino de la imagen, el parámetro Image Des Out, hace referencia al I salida de la imagen, Fig. (3.16).

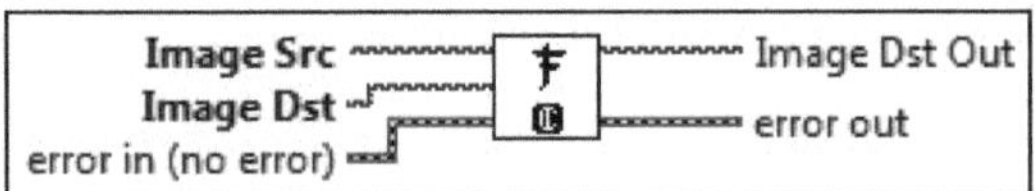

Fig. (3.16), IMAQ FFT VI

- El parámetro Image Scr, se refiere al origen de la imagen con la cual se tratando, parámetro Image Dst, se refiere al destino de la imagen, el parámetro Image Des Out, hace referencia al I salida de la imagen, el parámetro Low pass/High pass (Low pass), Paso bajo / Paso alto (paso bajo) determina qué frecuencias están atenuadas, Fig. (3.17).

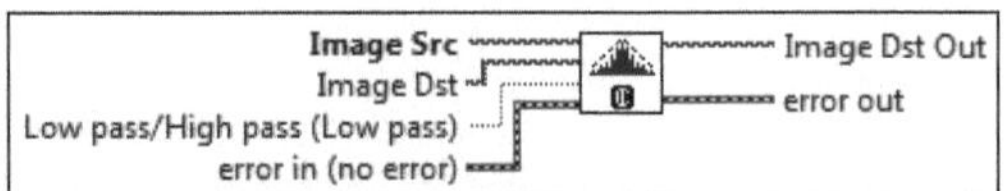

Fig. (3.17), IMAQ ComplexAttenuate VI

3.15. Threshold (Umbral):

Segmentos de píxeles en imágenes en escala de grises. La operación Umbral manual le permite seleccionar rangos de valores de píxeles en escala de grises, Fig. (3.18).

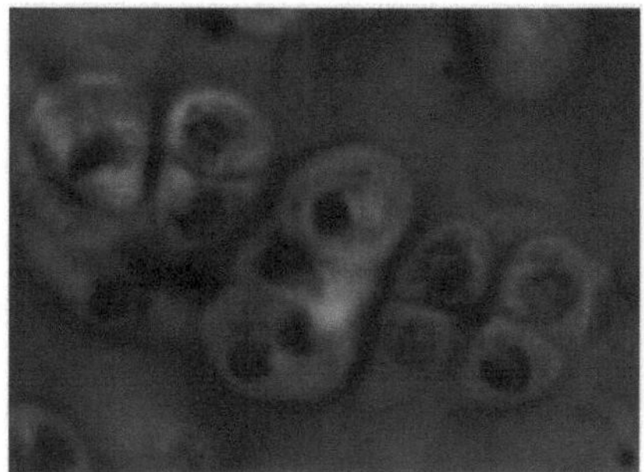

Fig. (3.18). Threshold (Umbral)

- Los parámetros a utilizar son entrada, salida de imagen, Method (Niblack), Método (Niblack) indica el algoritmo de umbral local que utiliza.

- Look For (Bright Objects), Buscar (objetos brillantes), indica el tipo de objeto que desea buscar

- Windows Size (32x32) indica el tamaño del umbral

- Niblack Deviation Factor (0.2), factor de desviación Niblack (k) espesifica la constante de desviación de la variable (k) para el umbral. Fig. (3.19).

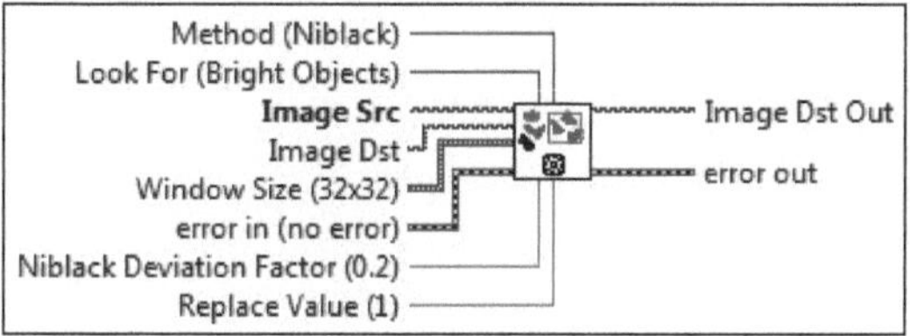

Fig. (3.19), Threshold (Umbral)

3.16. IMAQ Morphology VI

(Transformación Morfológica), realizara trasformaciones morfológicas. Todas las imágenes de origen y destino deben de ser binaria de 8 bits, las imágenes origen para tener una transformación morfológica deben tener un borde capaz de soportar el elemento estructurado. Un elemento de 3x3 requiere de un borde mínimo de 1, el tamaño de la imagen destino no es importante. Figs. (3.20).

Fig. (3.20) IMAQ Morphology VI

* Los parámetros a utilizar son entrada, salida de imagen, oepration (operador), puede der variado dependiendo la imagen, structuring element (elemento estructurado) mantiene una matriz de 3x3 para la imágenes y number of interactions(1) (número de interacciones) mínimo debe de ser de 1. Fig. (3.21).

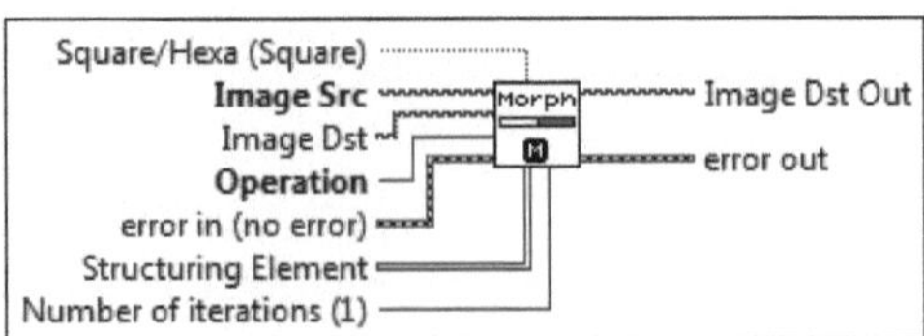

Fig. (3.21) IMAQ Morphology VI

3.17. Adv. Morphology

(Morfología Avanzada) Realizar operaciones de alto nivel sobre partículas en imágenes binarias. Utilice estas funciones para tareas, como la eliminación de partículas pequeñas de una imagen, el marcado de partículas en una imagen o el llenado de agujeros en las partículas.

- Fill Holes (Llenar Huecos): Rellena los huecos encontrados en una partícula. Los agujeros se rellenan con un valor de píxel de 1, Figs. (3.22).

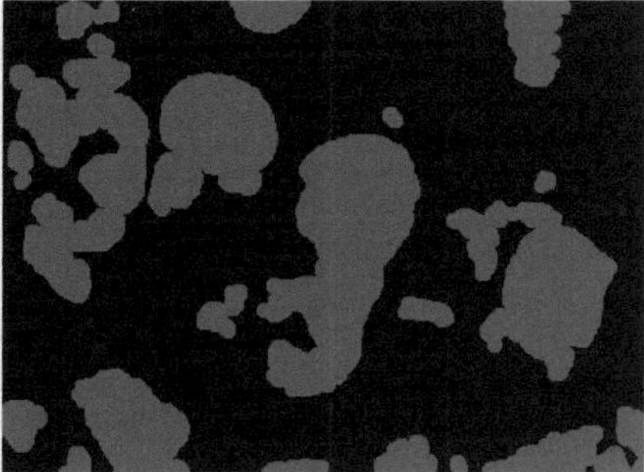

Fig. (3.22.1), (3.22.1). Adv. Morphology (Morfología Avanzada), Fill Holl (Rellenar Objeto)

- Los parámetros utilizados son, entrada salida de imagen y Connectivity 4/8 (conectividad), determinando si un pixel es adyacente pertenece a la misma partícula. Fig. (3.23).

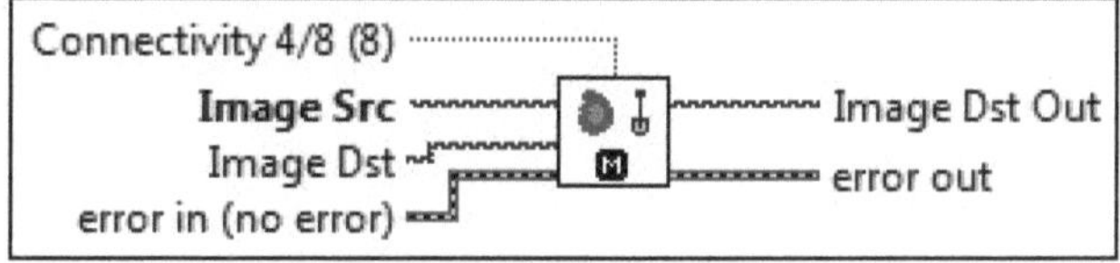

Fig. (3.23). Fill Holl (Rellenar Objeto)

3.18. Adv. Morphology IMAQ RemoveParticle VI

(Remover partículas) remueve partículas erosionadas de 3x3 de imágenes 8

bits. Figs. (3.24).

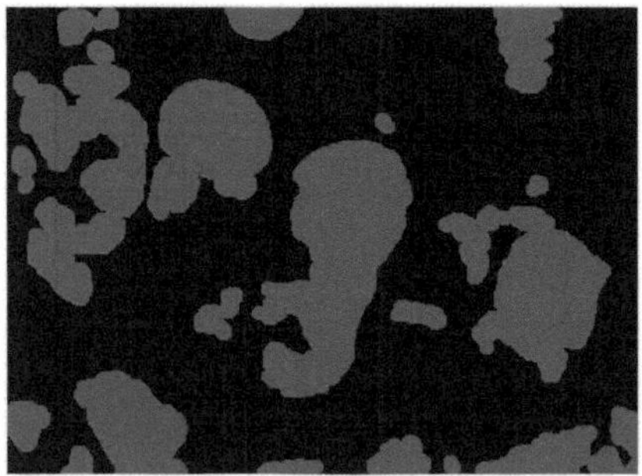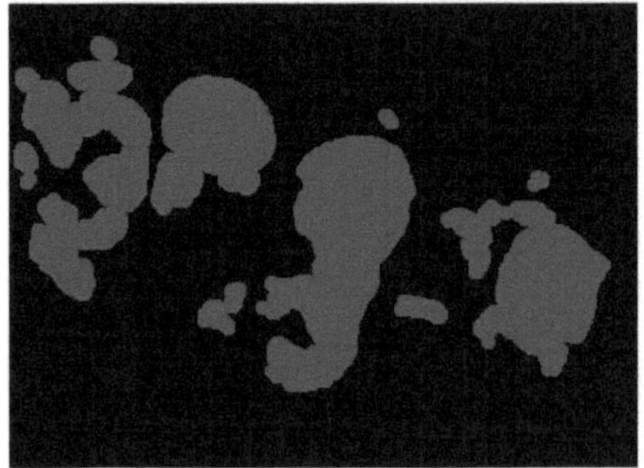

Adv. Morphology IMAQ RemoveParticle VI (Remover partículas) Figs. (3.24)

- Los parámetros a utilizar son, entrada-salida de imagen, Connectivity 4/8
  (conectividad), determinando si un pixel es adyacente pertenece a la
  misma partícula, Square/Hexa (Square), (Cuadrado / Hexa (Cuadrado)),
  especificando si se debe de tratar el marco de pixeles como cuadrado o
  hexagonal durante la transformación, Number of Erosion, (Número de
  Erosión), especifica el número de 3x3 en erosiones que se aplicara a la
  imagen, el valor predeterminado es de 2, Low Pass/High Pass
  (Low),(pasa altas, pasa bajas), especifica si el número de erosiones se
  descartan o se mantienen. Fig. (3.25).

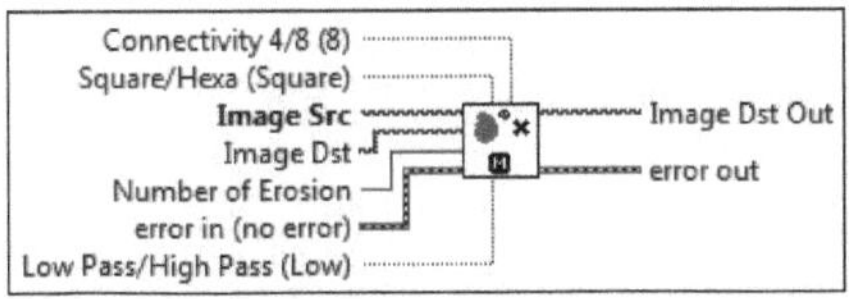

Fig. (3.25), IMAQ RemoveParticle VI (Remover partículas)

3.19. Adv. Morphology Convex Hull

(Redonda envolvente) redondea y rellena los objetos de la porción de la imagen,

Figs. (3.26).

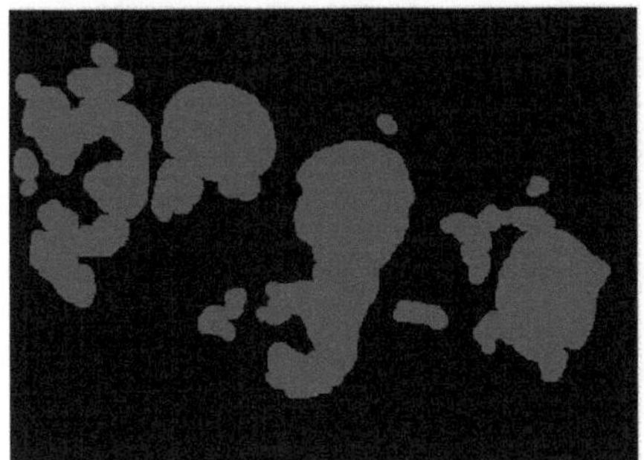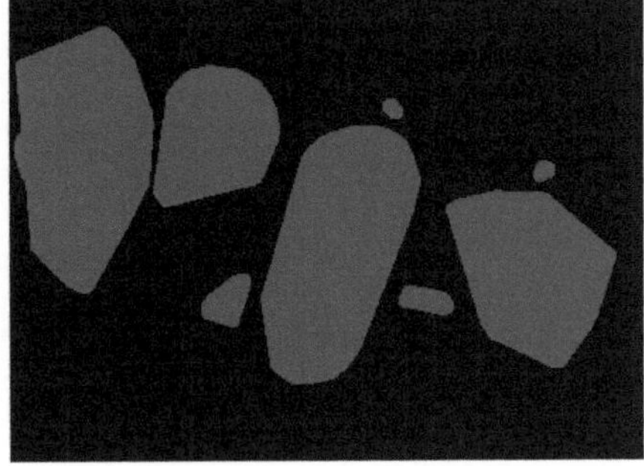

Fig. (3.26). Adv. Morphology (Morfología Avanzada), Convex Hull (Redondear Envolver)

- Los parámetros a utilizar son, entrada-salida de imagen y Connectivity 4/8 (conectividad), determinando si un pixel es adyacente pertenece a la misma partícula. Fig. (3.27).

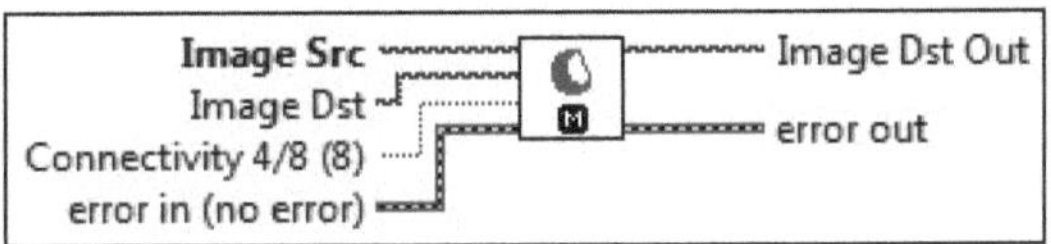

Fig. (3.27). Adv. Morphology (Morfología Avanzada), Convex Hull

3.20. IMAQ Convolute VI (curvar),

Filtra una imagen utilizando un filtro lineal los cálculos se realizan con enteros y puntos flotantes, Figs. (3.28).

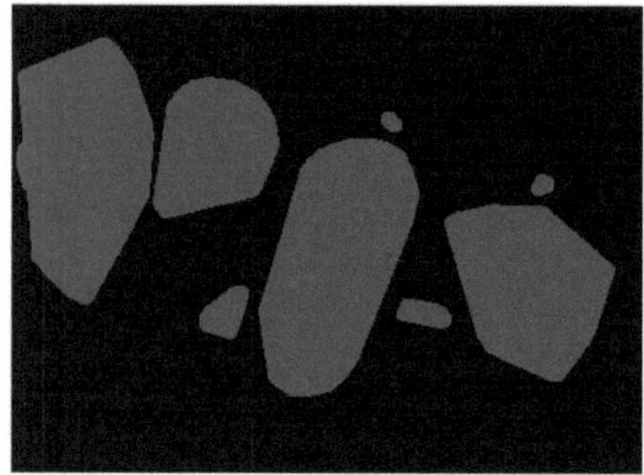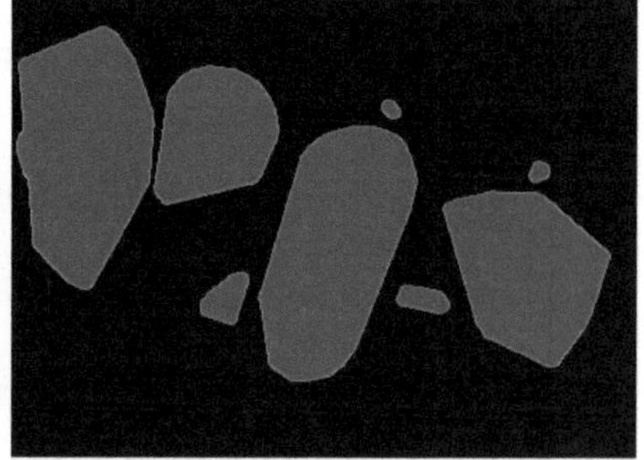

IMAQ Convolute VI (curvar), Figs. (3.29)

- Los parámetros a utilizar son, entrada-salida de imagen, Divider (kernel sum), (Divisor (suma de kernel), es un factor de normalización que se puede aplicar a la suma de los productos obtenidos

- Kernel. Es una matriz 2D que contiene la matriz de convolución para aplicar a la imagen. El tamaño de la convolución se fija por el tamaño de esta matriz. Fig. (3.26.3).

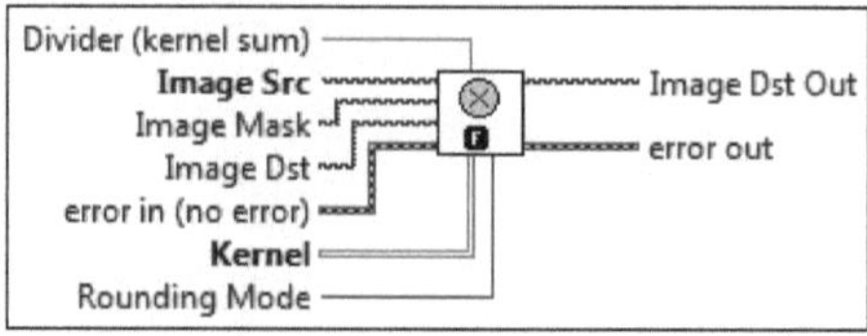

Fig. (3.26.3), IMAQ Convolute VI (curvar)

3.21. IMAQ Particle Analysis VI

(Análisis de partículas), cuenta el número de partículas detectadas en una imagen binaria y una matriz 2D de mediciones solicitadas sobre la partícula. Figs. (3.30).

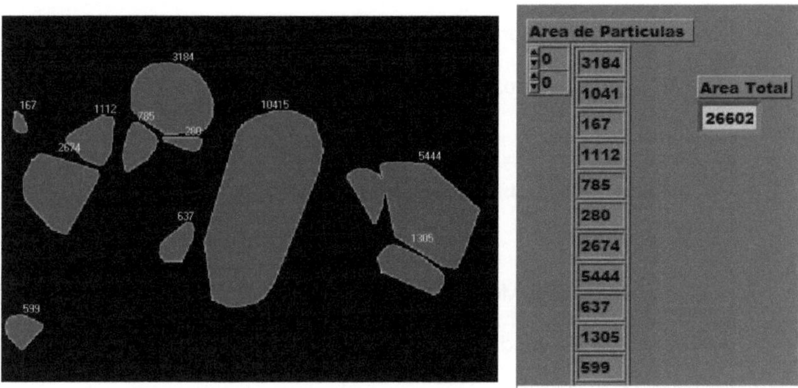

Figs. (3.30), IMAQ Particle Analysis VI (Análisis de partículas)

Objeto	Areas
1	3184
2	10415
3	167
4	1112
5	785
6	280
7	2674
8	5444
9	637
10	1305
11	599

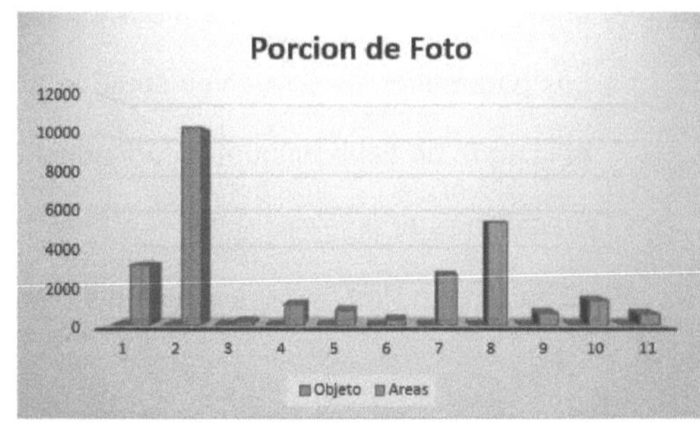

Fig. (3.31) Grafica de resultados y tabla de Áreas

- Los parámetros entrada y salida de imagen, la cual se refiere al origen y salida de la imagen.

- Parámetro Connectivity 4/8 (8) (Conectividad 4/8 (8)). Especifica el tipo de conectividad utilizada por el algoritmo para la detección de partículas. El modo de conectividad determina directamente si un píxel adyacente pertenece a la misma partícula o una partícula diferente. El valor predeterminado es 8. Los siguientes valores son posibles:

- 8 (TRUE) Verdadero. La detección de partículas se realiza en el modo de conectividad 8

- 4 (FALSE) Falso. La detección de partículas se realiza en el modo de conectividad 4.

- El parámetro Pixel Measurements. (Mediciones de píxeles) es una matriz de parámetros de medición que puede solicitar para cada partícula. Los parámetros se devuelven como medidas no calibradas de píxeles.

- El parámetro Real-World Measurements. (Mediciones reales del entorno), es una serie de parámetros de medición que puede solicitar para cada partícula. Los parámetros se devuelven como mediciones calibradas del entorno real. Si la imagen no tiene ninguna información de calibración adjunta, el VI devuelve mediciones de píxeles.

- El parámetro Particle Measurements (Pixels), Figs. (3.32).

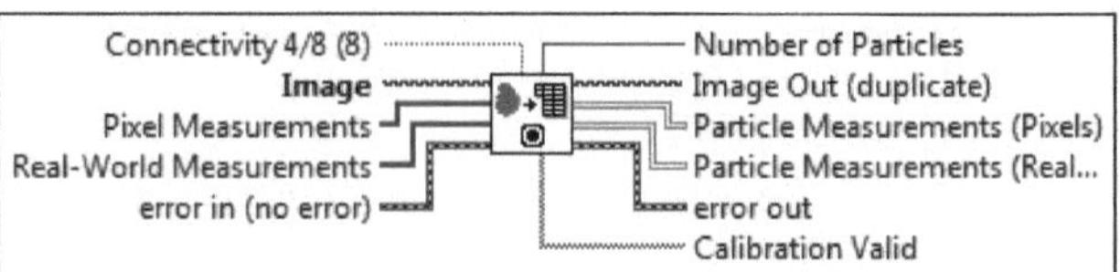

Figs. (3.32), IMAQ Particle Analysis VI (Análisis de partículas)

3.22. VI, IVA Store Particles Results,

(Resultado de numero de partículas), muestra el contenido resultante de partículas de la imagen tratada.

- Los parámetros a utilizar son entrada-salida de imagen, Step name (nombre del paso) y control de representar número de partículas. Fig. (3.33).

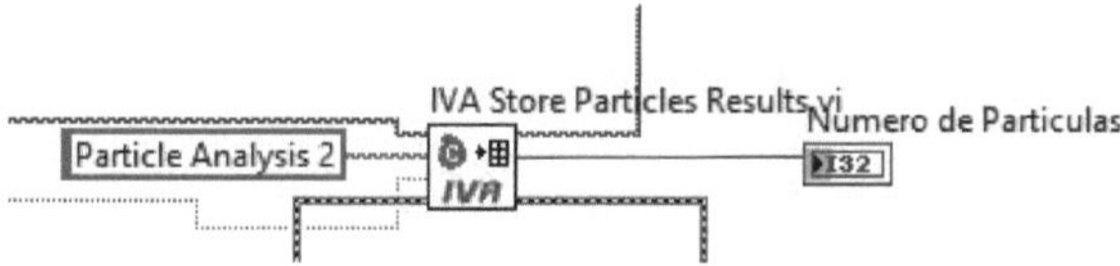

Fig. (3.33). VI, IVA Store Particles Results (Resultado de número de partículas)

3.23. Guardar datos

Guardar información resultante de cada partícula, cuantificando la cantidad de pixeles del área que ocupa en la porción de la imagen.

3.24. Botón de acción Guardar datos (Save Button)

Activar opción de guardar, inicia un proceso el cual pedirá una ruta y un nombre de archivo.

3.25. Write To Spreadsheet File VI (Escribir en el archivo de hoja de cálculo VI)

El VI convierte una matriz 2D a una 1D de cadena de enteros con signos de nueros de doble precisión en una cadena de texto en un nuevo archivo de flujo de bytes. Fig. (3.34) los parámetros a utilizar son:

- **File path (Nombre de la ruta de archivo)**: muestra el cuadro de dialogo el con el cual debe de asignar el nombre y ruta de archivo.

* **Append to file (Agregar el archivo):** remplaza datos del existente permite agregar los datos a un archivo nuevo, debe de estar (Ture) verdadero como predeterminado.
* **Delimiter (delimitador):** es el carácter que delimita la cadena de caracteres a utilizar para separar de un archivo.
* **New File (nueva ruta de archivo)**: devuelve la ruta de archivo.

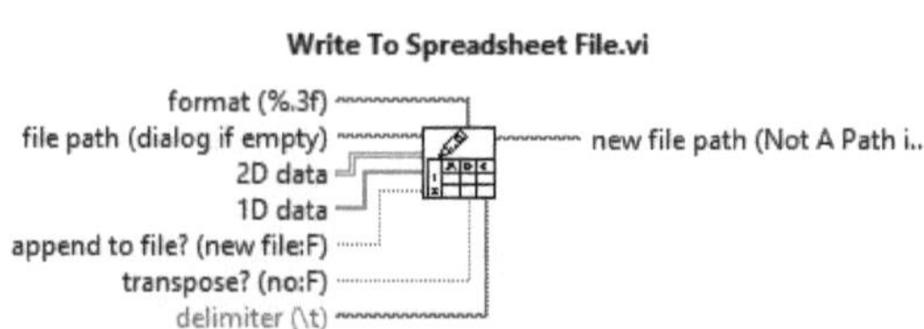

Fig. (3.34). Write To Spreadsheet File VI (Escribir en el archivo de hoja de cálculo VI)

3.26. Read From Spreadsheet File VI (Leer desde el archivo de hoja de cálculo)

El VI lee un número específico de líneas o filas de un archivo de texto numérico que comienza en un desplazamiento de caracteres y convierte los datos en una matriz 2D de precisión doble de números, los parámetros a utilizar. Fig.(3.35).

* **Format** (formato) especifica cómo convertir los números a caracteres. Si el formato %. 3f (predeterminado), el VI crea una cadena lo suficientemente larga como para convertir el número, con tres dígitos a la derecha del punto decimal.
* **Number of rows** (número de filas), es el nuemro maximo de filas o líneas que lee el VI.0 Para esta VI una fila es un cadena de caracteres que termina con un retorno de carro.
* **Delimiter** (Delimitador), es el carácter o cadena de caracteres a utilizar para separar los campos, del archivo de hoja de cálculo.

Double

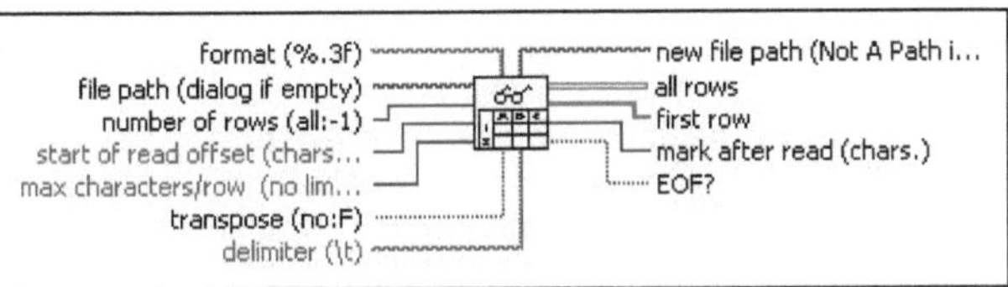

Fig. (3.35). Read From Spreadsheet File VI (Leer desde el archivo de hoja de cálculo)

3.27. Quit LabVIEW Function (Salir de la función LabVIEW).

Detiene todos los VIs en ejecución y finaliza la instancia actual de LabVIEW. Esta función cierra solo LabVIEW, deteniendo todos los VI en ejecución y esto no afecta a otras aplicaciones. Fig. (3.36). Los parámetros a utilizar.

- If quit? Is TRUE , deja de funcionar y cierra LabVIEW

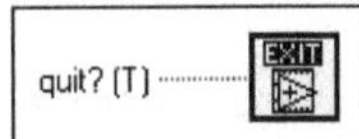

Fig. (3.36). Quit LabVIEW Function (Salir de la función LabVIEW)

3.28. **Algoritmo**

1. Inicio
2. Seleccionar "Abrir Imagen"}
3. Punto de selección de porción de imagen
4. **Si** el punto es correcto manda al tratado de imagen
5. En caso contrario repetir punto de selección
6. Proceso histograma general de la porción de la imagen
7. Tabla de búsqueda para mejorar el contraste
8. Operaciones morfológicas en escala de gris
9. Crear una ubicación en memoria para la porción de la imagen
10. Filtro de frecuencias en I imagen, "atenuar y pasa bajas"
11. Liberación de memoria
12. Umbral para la porción de la imagen
13. Verificar la morfología "rellenar y redondear los objetos"
14. Rellenar agujeros de las partículas
15. Eliminar o remover partículas sin modificar la estructura
16. Eliminar partículas que se encuentran en los bordes
17. Dibuja el casco convexo para cada partícula en la imagen
18. Filtrar la imagen de forma lineal
19. Devolver el número de partículas detectadas en una imagen binaria y una matriz 2D
20. Conteo de numero de partículas
21. Resultado de salida de la imagen
22. Opción de guardar datos
23. Escribir nombre de archivo "Extensión XLS".
24. Fin.

3.29. Diagramas de flujo

Caso de uso abrir archivo

Diagrama de flujo abrir imagen   Descripción

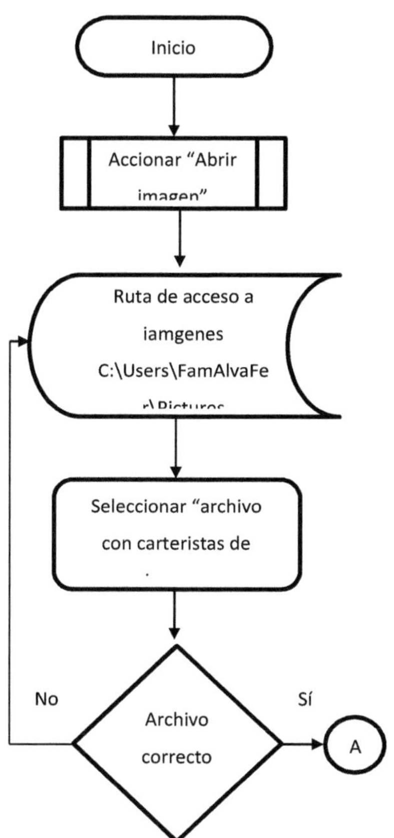

- Inicio:
- Al iniciar el sistema deberemos presionar el botón "Abrir imagen", para comenzar con el proceso de análisis.
- Ubicar la ruta donde se encuentran la imágenes
- Seleccionar el archivo de tipo de mapa de bits "Imagen"
- Si el archivo es correcto pasar el proceso de selección de porción de imagen, conector A

Estructura de secuencia "selección de punto de imagen"

Diagrama de flujo selección de punto de imagen

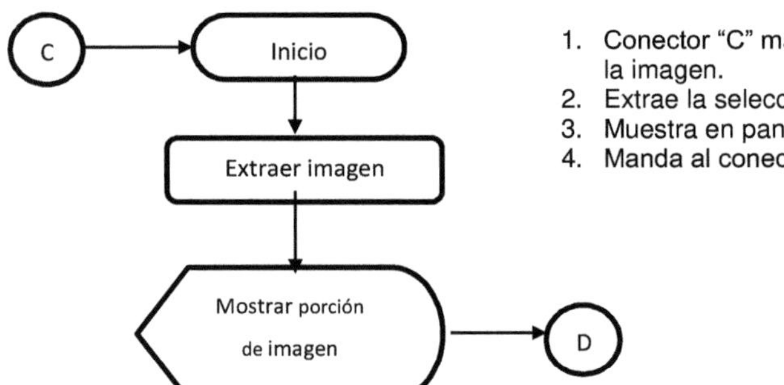

Descripción

1. Conector A, continuidad del "Abrir imagen", al abrir la imagen deberá seleccionar un punto de la imagen que no salga de rango
2. Inicio
3. 0, punto de selección de imagen
4. Coordenadas personalizadas
5. Validación de coordenadas para no salir de rango
6. Ir al conector C

Estructura de secuencia "Procesamiento digital de imagen"

Diagrama de flujo de extraer imagen

1. Conector "C" manda la selección de la imagen.
2. Extrae la selección de la imagen
3. Muestra en pantalla.
4. Manda al conector "D"

Estructura de secuencia "Procesamiento digital de imagen"
Diagrama de flujo de generar histograma

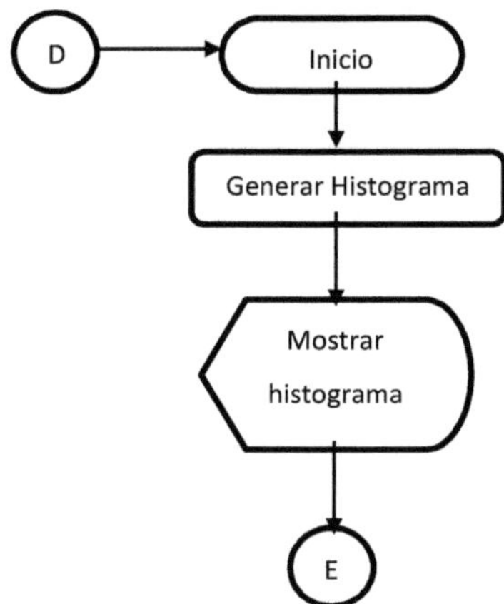

1. Conector "D" inicia análisis de Histograma.
2. Genera histograma
3. Muestra en pantalla.
4. Manda al conector "E"

Estructura de secuencia "Procesamiento digital de imagen"
Diagrama de flujo de generar tabla de búsqueda

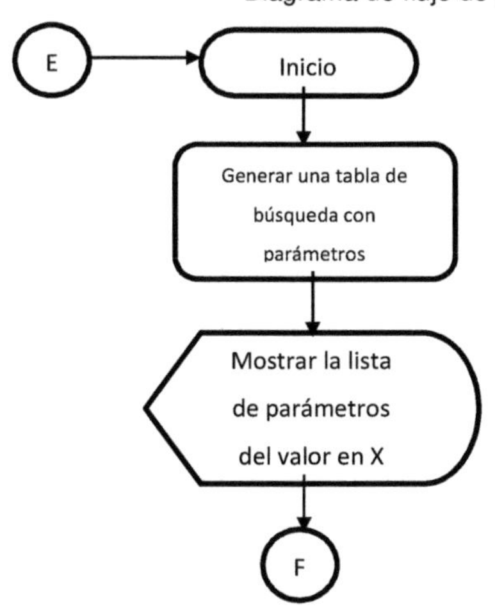

5. Conector "E" inicia análisis de tabla de búsqueda.
6. Genera tabla de búsqueda con parámetros predeterminados
7. Muestra en pantalla valor en X.
8. Manda al conector "F"

Estructura de secuencia "Procesamiento digital de imagen"

Diagrama de flujo de morfología escala de gris

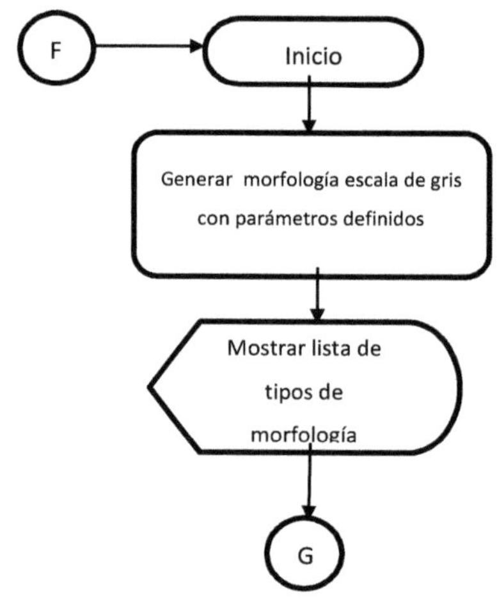

1. Conector "F" inicia análisis para generar una morfología en escala de gris.
2. Genera morfología en escala de gris con parámetros predeterminados
3. Muestra lista con tipos de morfologías.
4. Manda al conector "G"

Estructura de secuencia "Procesamiento digital de imagen"
Diagrama de flujo de filtro de frecuencia de la imagen

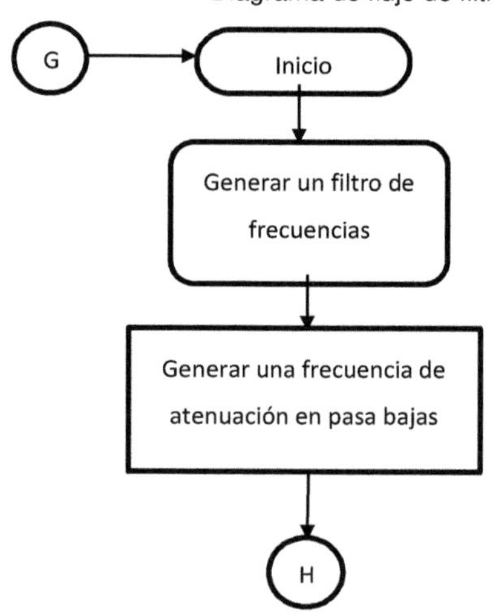

1. Conector "G" inicia análisis para generar un filtro de frecuencias.
2. Genera una frecuencia de atenuación en pasa bajas.
3. Manda al conector "G"

Estructura de secuencia "Procesamiento digital de imagen"
Diagrama de flujo de umbral de la imagen

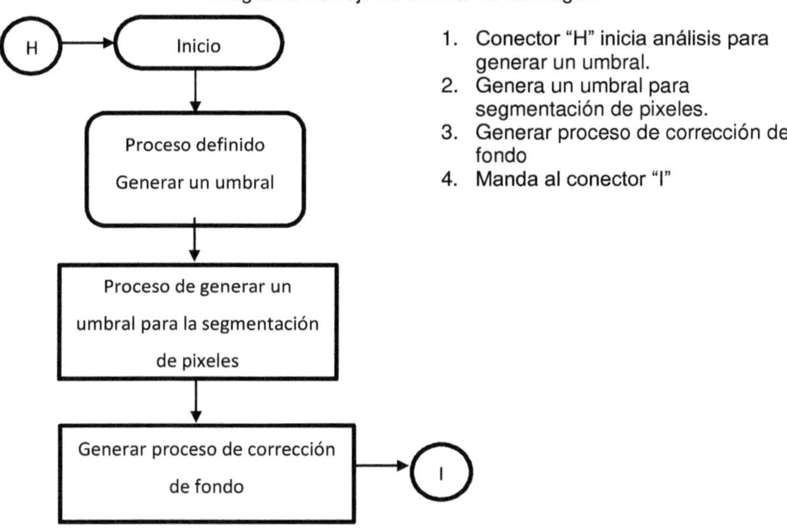

1. Conector "H" inicia análisis para generar un umbral.
2. Genera un umbral para segmentación de pixeles.
3. Generar proceso de corrección de fondo
4. Manda al conector "I"

Estructura de secuencia "Procesamiento digital de imagen"
Diagrama de flujo de morfología

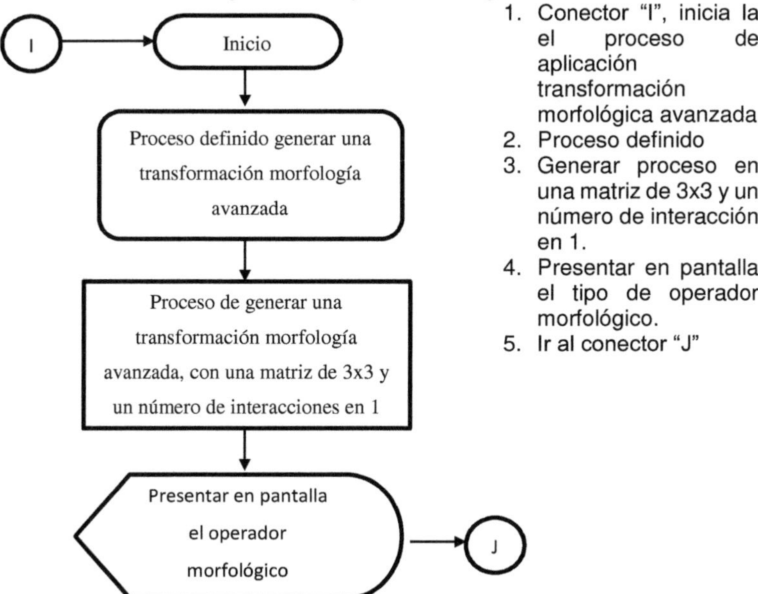

1. Conector "I", inicia la el proceso de aplicación transformación morfológica avanzada
2. Proceso definido
3. Generar proceso en una matriz de 3x3 y un número de interacción en 1.
4. Presentar en pantalla el tipo de operador morfológico.
5. Ir al conector "J"

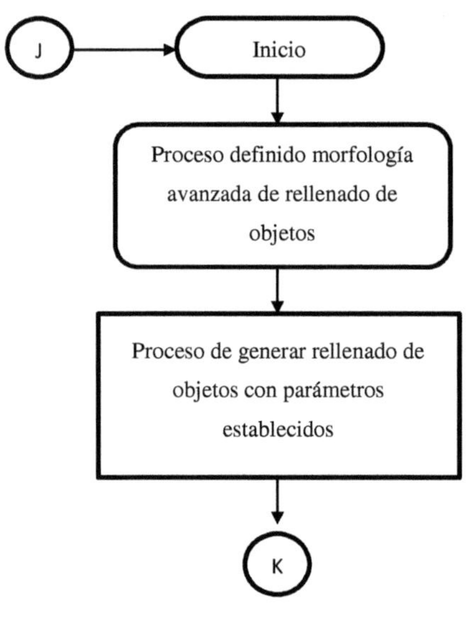

1. Conecto "J", inicia el proceso de rellenado de objetos.
2. Proceso definido rellenado de objetos en base a una morfología avanzada.
3. Proceso de relleno con parámetros ya establecido por defecto.
4. Ir al conector "K"

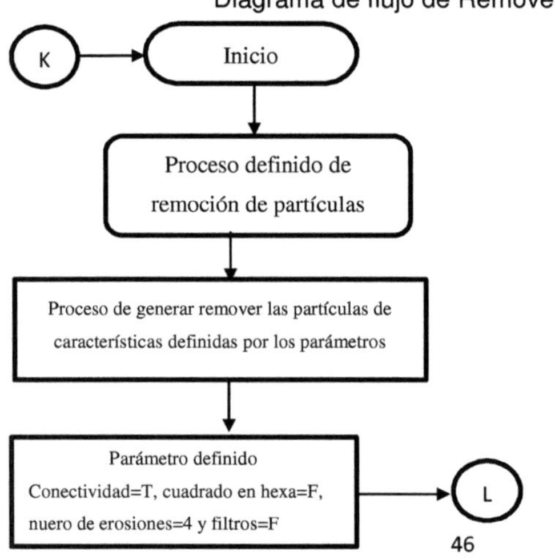

1. Conector "K", inicia la remoción de partículas
2. Remover partículas de finiendo parámetros
3. Definición de parámetros
4. Ir al conector "L"

Estructura de secuencia "Procesamiento digital de imagen"
Diagrama de flujo de Eliminar partículas que tocan el borde

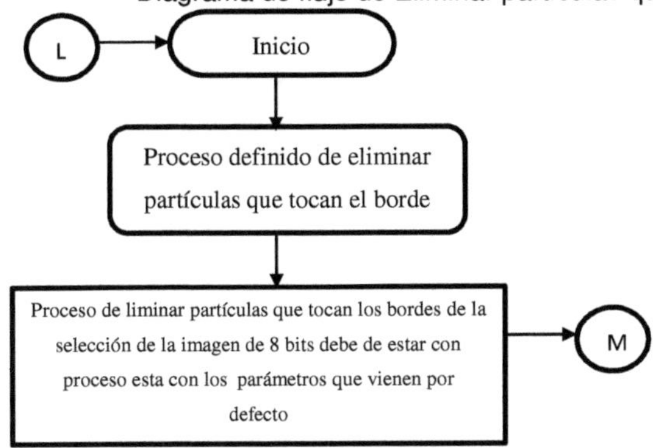

1. Conector "L" inicia eliminación de partículas que tocan los bordes.
2. Proceso defenecido por parte de la aplicación.
3. Los parámetros debe de indicar los que vienen por defecto.

Estructura de secuencia "Procesamiento digital de imagen"
Diagrama de flujo para dibujar un casco convexo a la partícula

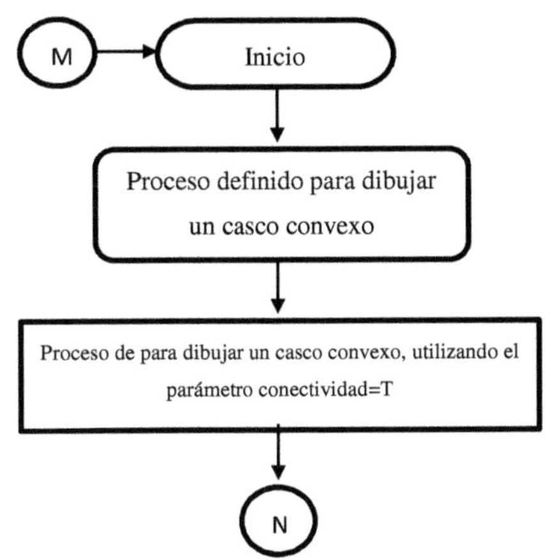

1. Conector "M", inicia el proceso de dibujar un caco convexo.
2. El proceso defines solo un parámetro de conectividad de forma verdadera.
3. Ir al conector "N"

Estructura de secuencia "Procesamiento digital de imagen"
Diagrama de flujo para envolver partícula

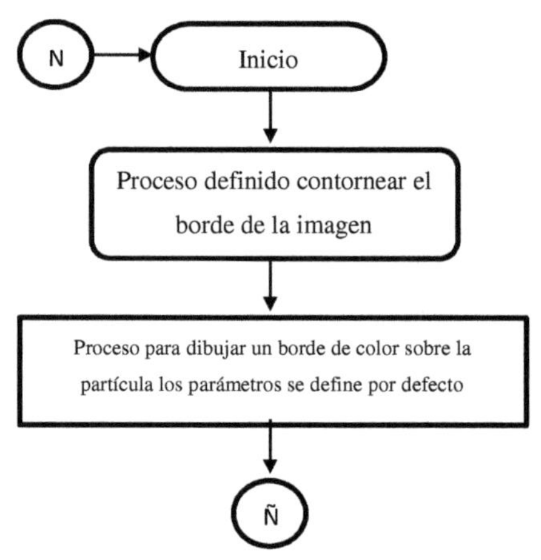

1. Conector "N" inicia el contorneo de la partícula
2. Define el borde de la partícula
3. Proceso para dibujar una line de color en el borde de la articula.
4. Ir al conector "Ñ".

Estructura de secuencia "Procesamiento digital de imagen"
Diagrama de flujo análisis de partículas

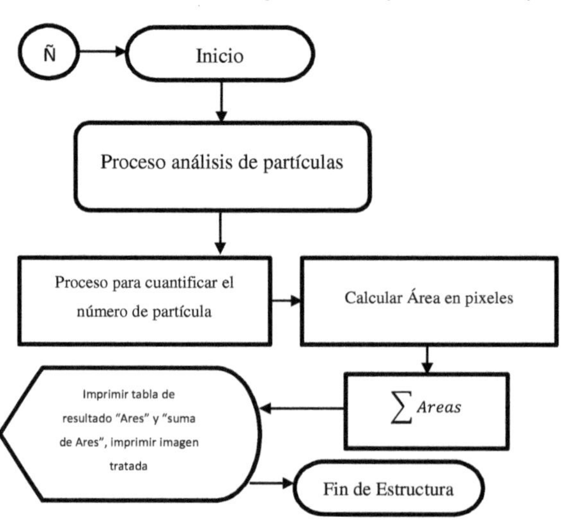

1. Conector "N" proceso de análisis de partículas.
2. Proceso de cuantificación de partículas
3. Calcular áreas
4. Sumar áreas
5. Imprimir resultado de tabla y suma de áreas e imprimir imagen tratada.
6. Fin de la estructura de procesamiento de imagen.

Caso de uso de guardado de resultados
Diagrama de flujo guardar resultados

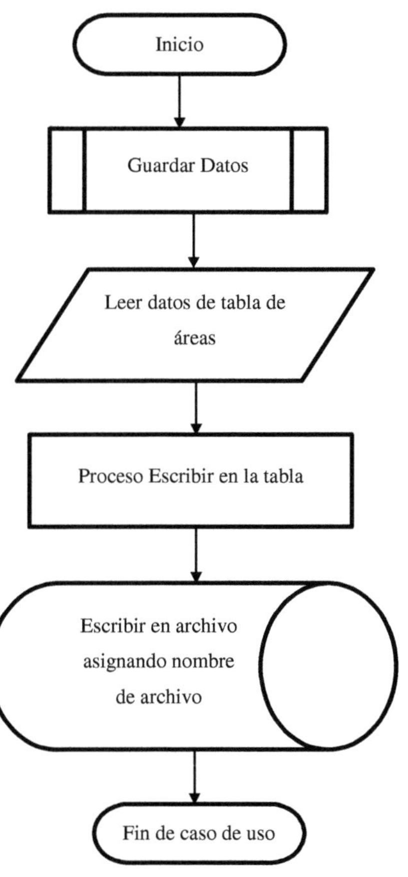

1. Inicio de caso de uso
2. Pulsando botón "Guardar Datos"
3. Leer datos de tabla de áreas.
4. Escribir tablas
5. Guardar archivo asignando nombre.
6. Fin de proceso

Caso de uso cerrar aplicación

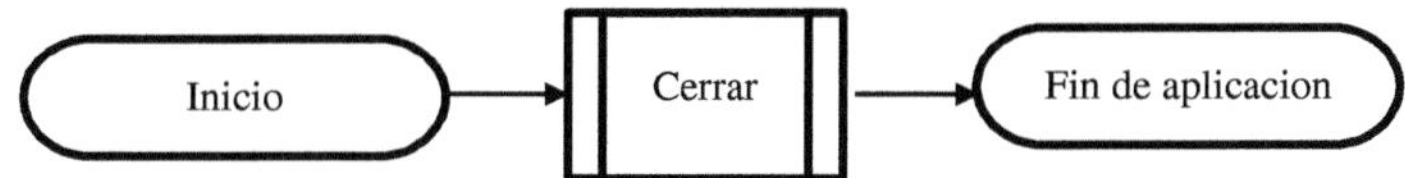

Inicia proceso de cerrado de aplicación "Cerrar", cerrando la aplicación por completo con todo y los sub VI.

Capítulo 4

4. Descripción de la aplicación

Explicare el uso de la aplicación de acuerdo al arranque desde su acceso directo el equipo requiere de ciertas librerías que perteneces a LabVIEW para que su uso se correcto.

4.1. Icono de acceso directo para el uso de la aplicación el cual estará

Disponibles en la barra de tareas o el escritorio, dependiendo del usuario. Fig. (4.1).

Acceso directo AnalisisIMG Fig. (4.1)

4.2. Descripción de la ventana principal

Al ejecutar el acceso directo la aplicación cargara una interface principal la mostrara ciertas opción como abrir imagen, que como requisito principal debe aplicar, para que la aplicación pueda ser utilizada. Fig. (4.2).

Fig. (4.2), Interface Principal

4.3. Descripción de la interface principal

a) **Botón de abrir imagen:** muestra el cuadro de dialogo "Abrir", el cual

permite asignar la ruta y el seleccionar el archivo de imagen a analizar.

Figs. (4.3 y 4.4)

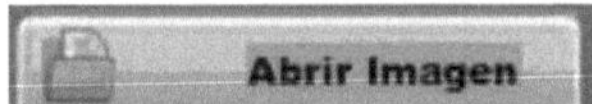

Fig. (4.3), botón de acción

"Abrir Imagen"

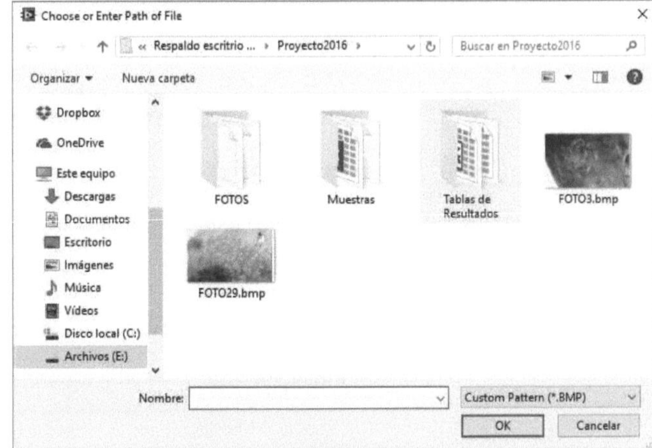

Fig. (4.4), cuadro de dialogo "Abrir Imagen"

51

b) Panel de control: los valores que se ubican en el panel son los estandarizados, con lo cuales se logró el control de la gran mayoría de las imágenes, pero son manipulables para otras imágenes, ya que las imágenes a analizar no son todas asimétricas. Descripción del panel. Fig. (4.5).

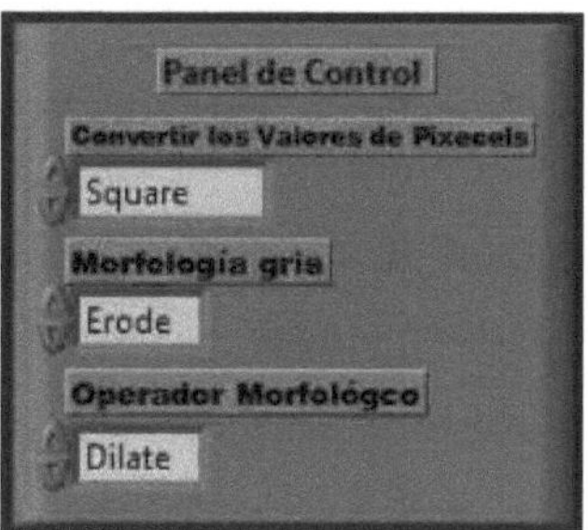

Fig. (4.5), Panel de Control

- **Convertir los valores de pixel:** permite cambiar el valor de la tabla de búsqueda.

- **Morfología:** esta opción permite cambiar los valores de la morfología en gris.

- **Operador morfológico:** permite cambiar los valores del operador morfológico.

c) **Histograma de general de la imagen:** este panel informativo representa datos que contiene la imagen, la información que contiene es constituida en pixeles. Fig. (4.6).

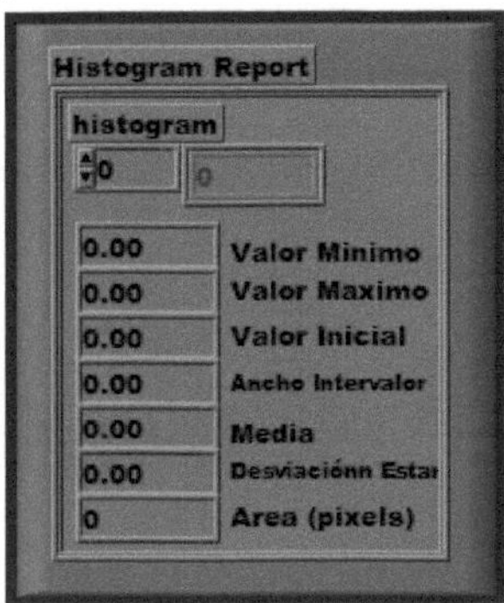

Fig. (4.6) Panel representativo del histograma

d) **Panel de imagen origen:** Muestra la imagen origen la de la cual se obtiene una porción para el análisis. El cuadro en la imagen muerta la porción a analizar Fig. (4.7).

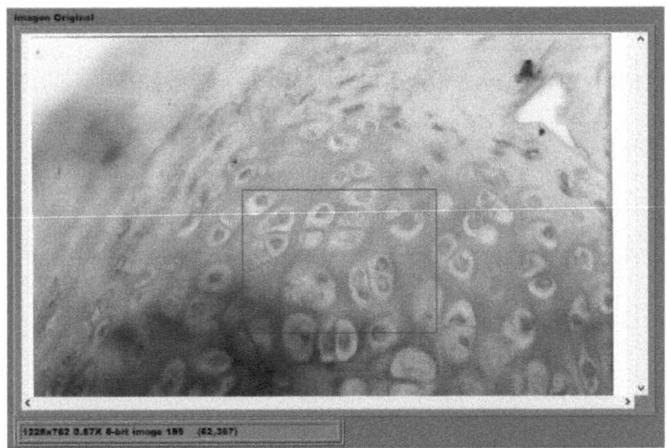

Fig. (4.7) Imagen origen cuadro de muestra

e) Porción de la imagen tratada: muestra la porción de la imagen analizada, lo

cual contiene la cantidad de partículas que se localizaron, ya con todos los

filtros aplicados y su área por particula. Fig. (4.8).

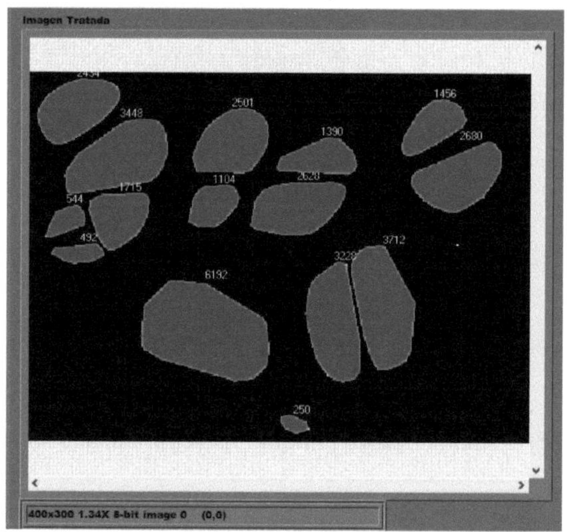

Fig. (4.8). Imagen tratada y area por particula

f) Numero de partículas: Muestra la cantidad de partículas contenidas en la

porción de la imagen. Fig. (4.9).

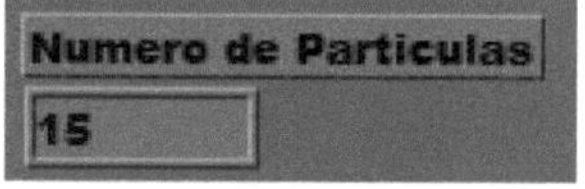

Fig. (4.9). Cantidad de partículas localizadas

g) Área individual para cada partícula: muestra las áreas de cada partícula.

Dichas áreas se mides en pixeles. Fig. (4.10)

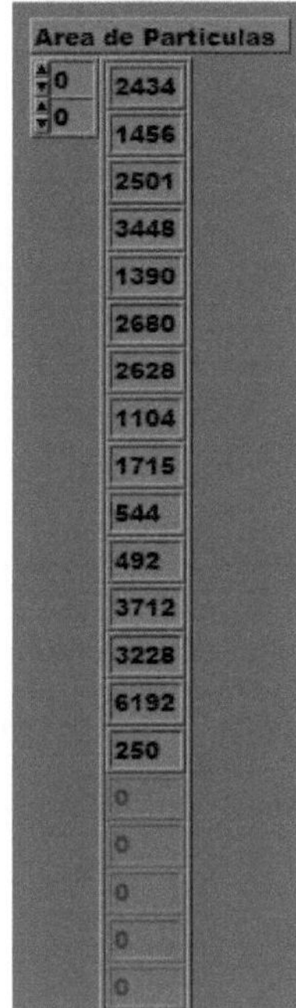

Fig. (4.10). Lista de áreas por partícula

h) Resultado de suma de áreas: muestra la adición total de áreas de las partículas contenidas en la porción de la imagen. Dichas áreas son en pixeles. Fig. (4.11).

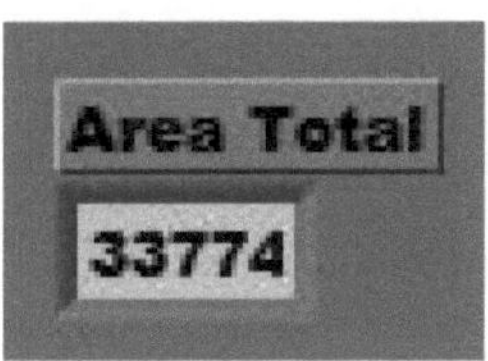

Fig. (4.11). Suma de áreas en pixeles

i) Coordenadas de punto de selección: muestra la ubicación del pixel en
el cual se generó el punto de selección. Fig. (4.12).

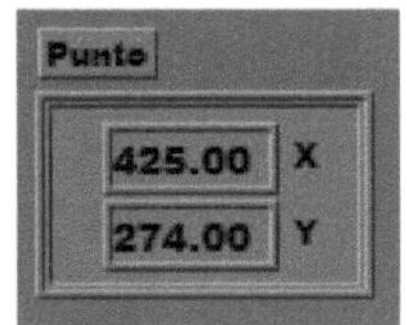

Fig. (4.12). Coordenada de selección de punto (pixel)

j) Botón de acción (Guardar datos): abre el cuadro de dialogo, el cual permite
guardar los datos obtenido por el análisis, dichos datos son el resultado de las
ares. Asignar la ruta y nombre del archivo y se le debe de asignar una extensión
".XLS", para posteriormente abrirlo en una hoja de cálculo. Figs. (4.13 y 4.14).

Fig. (4.13). Almacenar datos

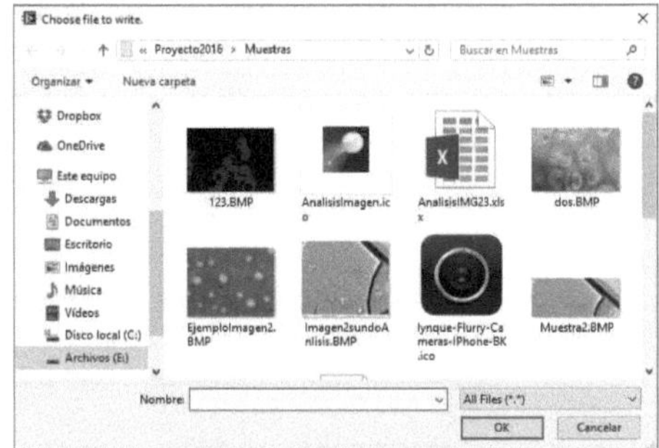

Fig. (4.14). Cuadro de dialogo Guardar Archivo

k) Botón de acción "Cerrar": al seleccionar este botón cerrara la aplicación
junto con los VI abiertos. Fig. (4.15)

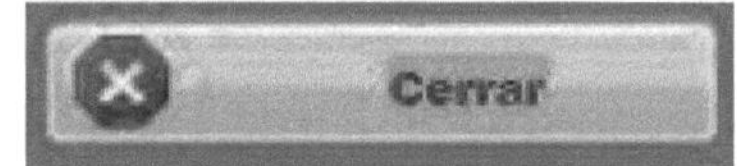

Fig. (4.15), Botón acción cerrar aplicación

Capítulo 5

5. Resultados

Lo resultados son descritos sin interrupciones de la aplicación, mostrando el resultados final, junto con la derivación de área y suma de ares, las gráficas fueron generada con los datos resultantes, utilizado un generador de graficas de otra aplicación.

5.1. Descripción de resultados.

Se describirán imágenes analizadas, experiméntale y no experimentales con las cuales se mostrar resultados obtenidos por la aplicación.

5.2. Porción uno de FOTO03

Se realizaron una tomas de muestra del archivo de imagen marcado con el nombre de FOTO3.BMP. Toma de muestra uno, Fig. (5.1). Los parámetros modificados fueron, Convertir los valores de pixeles "Power 1", Escala de Gris "Erod" y Operador Morfológico "Dilat" y muestra resultados que se mostraron al filtrar la imagen fig. (5.2). Áreas obtenidas de cada partícula, tabla (5.1), grafica de resultados, Fig. (5.3).

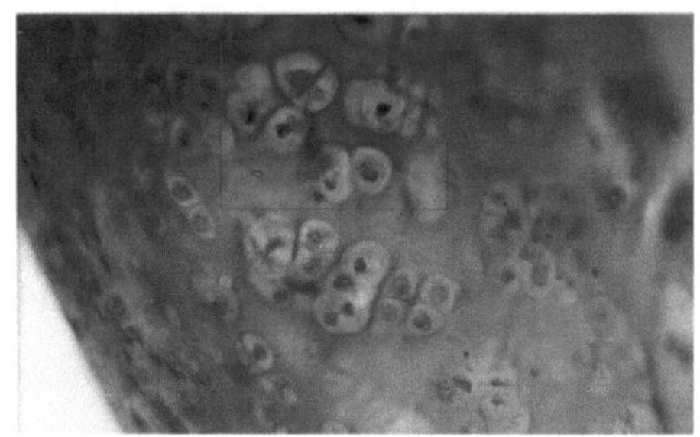

Fig. (5.1) toma de muestra FOTO03 1

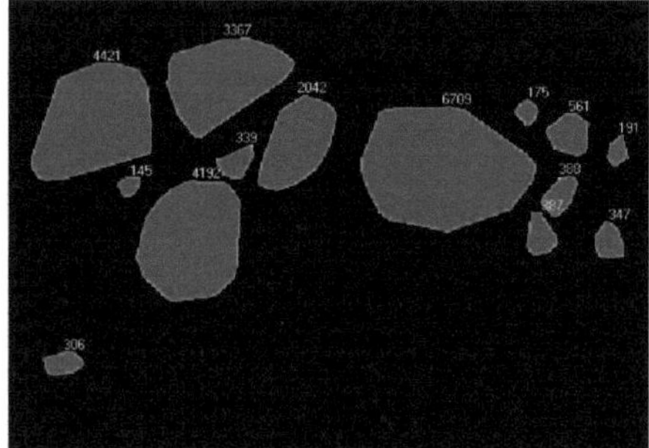

Fig. (5.2) Resultado de filtrado FOTO03 1

Objetos	Areas
1	3367
2	4421
3	2042
4	175
5	6709
6	561
7	191
8	339
9	388
10	145
11	4192
12	387
13	347
14	306

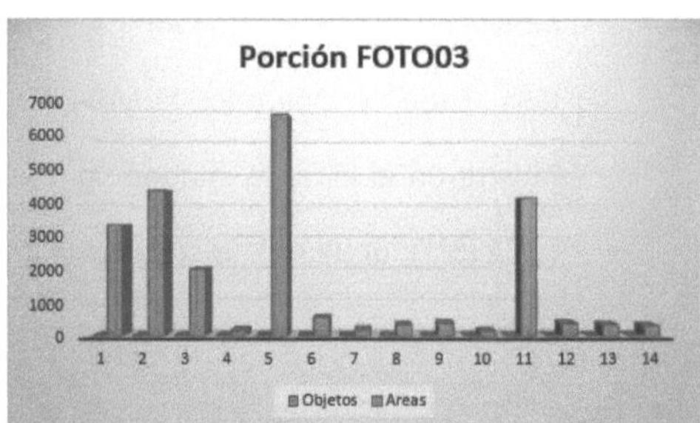

Fig. (5.3) Grafica de resultados FOTO03 1

Tabla (5.1) áreas por partícula FOTO03 1

En la tabla se encontraron 14 partículas las cuales muestran el área en pixeles, posteriormente se realizó una gráfica la cual muestra las diferencias de áreas.

5.3. Porción dos FOTO03

Se realizó una segunda toma de muestra del archivo de imagen marcado con el nombre de FOTO03.BMP, Fig. (5.4), se modificaron los parámetros del panel de control con la finalidad de mostrar mejores resultados del análisis. Los parámetros modificados fueron, Convertir los valores de pixeles "Power 1/X", Escala de Gris "Thin" y Operador Morfológico "Close". Los resultados obtenidos al filtrar, Fig. (5.5), tabla de áreas obtenidas, tabla. (5.2), grafica de resultados (5.6).

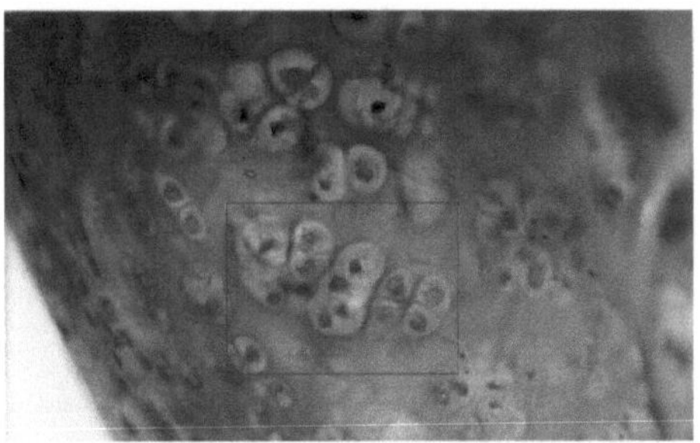

Fig. (5.4), toma de muestra FOTO03 2

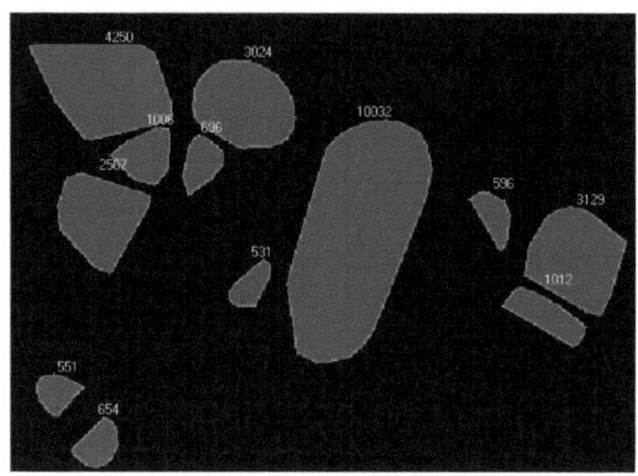

Fig. (5.5), resultados de filtrado FOTO03 2

Objetos	Areas
1	4250
2	3024
3	10032
4	1006
5	696
6	2567
7	596
8	3129
9	531
10	1012
11	551
12	654

Tabla (5.2), áreas por partícula FOTO03 2

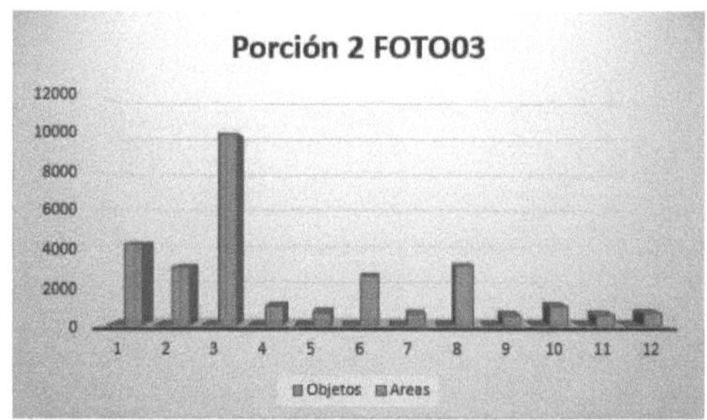

Fig. (5.6), Grafica de áreas FOTO03 2

En la tabla se encontraron 12 partículas las cuales muestran el área en pixeles, posteriormente se realizó una gráfica la cual muestra las diferencias de áreas.

5.4. Porción de FOTO06

Se realizó una toma de muestra del archivo de imagen marcado con el nombre de FOTO06.BMP, Fig. (5.7), se modificaron los parámetros del panel de control con la finalidad de mostrar mejores resultados del análisis. Los parámetros modificados fueron, Convertir los valores de pixeles "Square", Escala de Gris "P Close" y Operador Morfológico "Dilat". Los resultados obtenidos al filtrar, Fig. (5.8), tabla de áreas obtenidas, tabla (5.3) grafica de resultados (5.9).

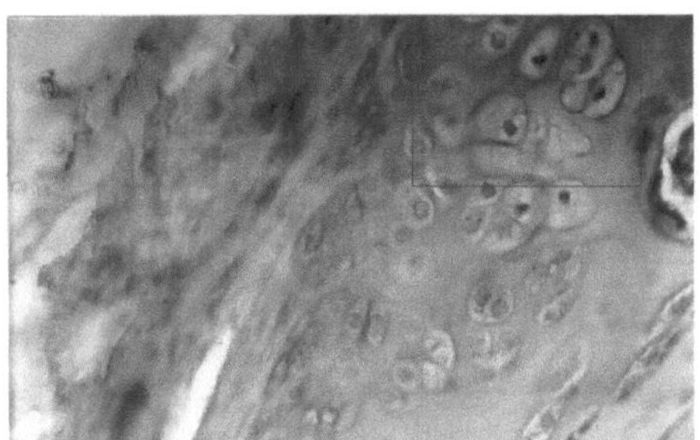

Fig. (5.7), toma de muestra FOTO06 1

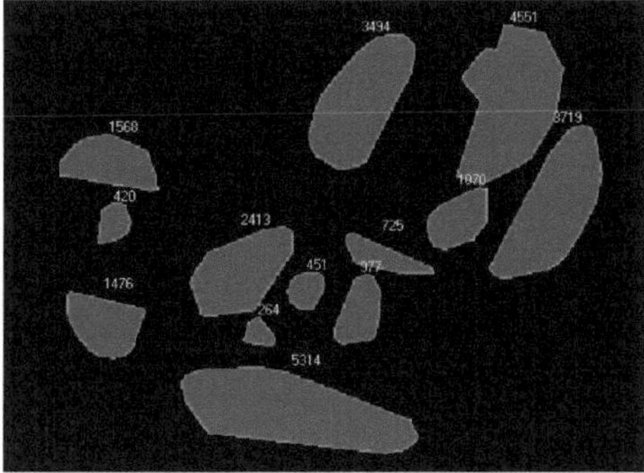

Fig. (5.8), resultados de filtrado FOTO06 1

Objetos	Areas
1	4551
2	3494
3	3719
4	1568
5	1070
6	420
7	2413
8	725
9	451
10	977
11	1476
12	264
13	5314

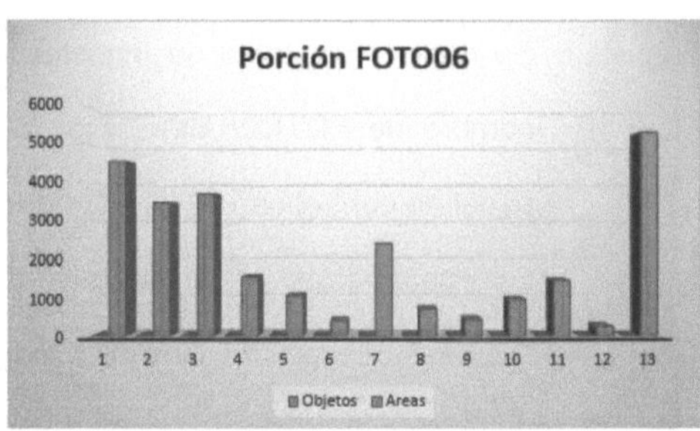

Fig. (5.9), Grafica de áreas FOTO06 1

Tabla (5.3) áreas por partícula FOTO06 1

En la tabla se encontraron 13 partículas las cuales muestran el área en pixeles, posteriormente se realizó una gráfica la cual muestra las diferencias de áreas.

5.5. Porción 2 de FOTO06

Se realizó una segunda toma de muestra del archivo de imagen marcado con el nombre de FOTO06.BMP, Fig. (5.10), se modificaron los parámetros del panel de control con la finalidad de mostrar mejores resultados del análisis. Los parámetros modificados fueron, Convertir los valores de pixeles "Power X/1", Escala de Gris "Close" y Operador Morfológico "Gradiant". Los resultados obtenidos al filtrar, Fig. (5.11), tabla (5.4), de áreas obtenidas, grafica de resultados (5.12).

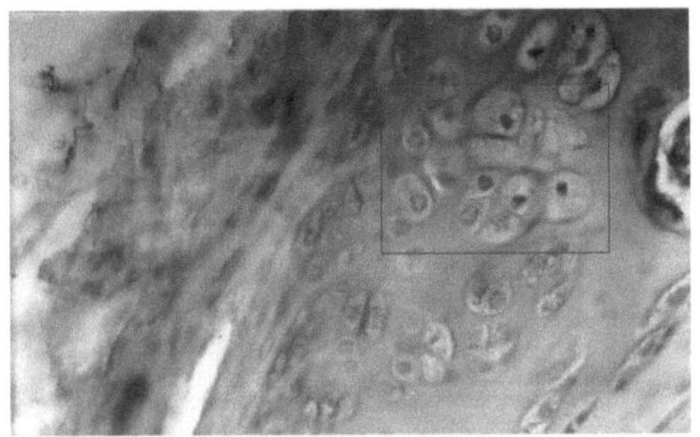

Fig. (5.10) toma de muestra FOTO06 2

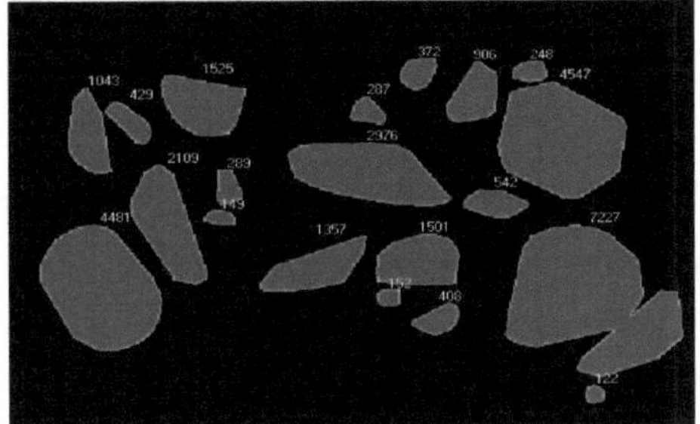

Fig. (5.11) resultado de filtrado FOTO06 2

Obejeto	Areas
1	372
2	906
3	248
4	1525
5	4547
6	1043
7	287
8	429
9	2976
10	2109
11	289
12	542
13	149
14	4481
15	7227
16	1501
17	1357
18	152
19	408
20	122

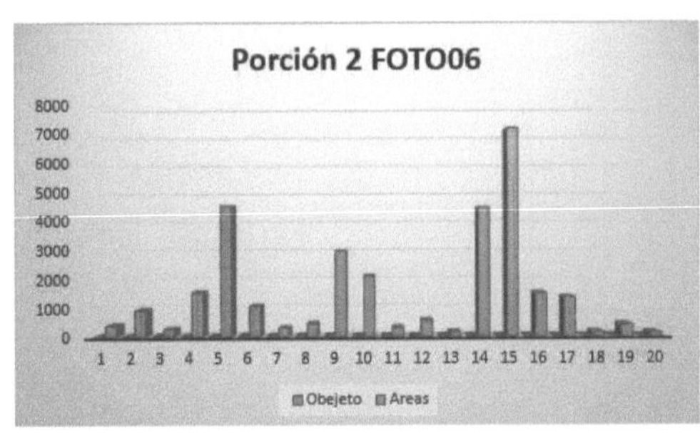

Fig. (5.12) Grafica de resultados FOTO06 2

Tabla (5.4) Áreas por Partícula FOTO06 2

En la tabla se encontraron 20 partículas las cuales muestran el área en pixeles, posteriormente se realizó una gráfica la cual muestra las diferencias de áreas.

5.6. Porción de FOTO17

Se realizó una toma de muestra del archivo de imagen marcado con el nombre de FOTO17.BMP, Fig. (5.13), se modificaron los parámetros del panel de control con la finalidad de mostrar mejores resultados del análisis. Los parámetros modificados fueron, Convertir los valores de pixeles "Square", Escala de Gris "Erod" y Operador Morfológico "Dilat". Los resultados obtenidos al filtrar, Fig. (5.14), tabla (5.5), de áreas obtenidas, grafica de resultados (5.15).

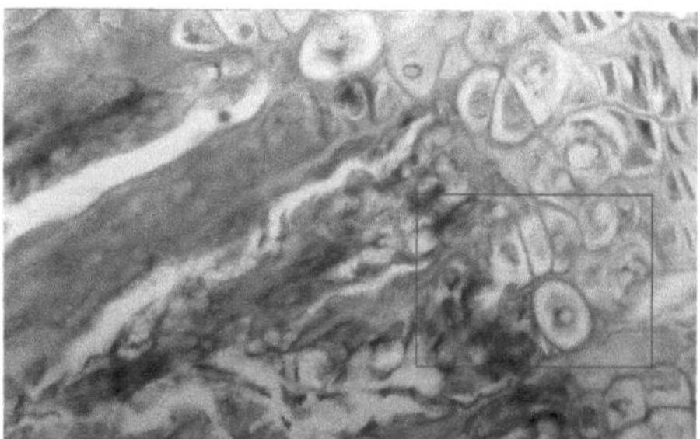

Fig. (5.13), toma de muestra FOTO17

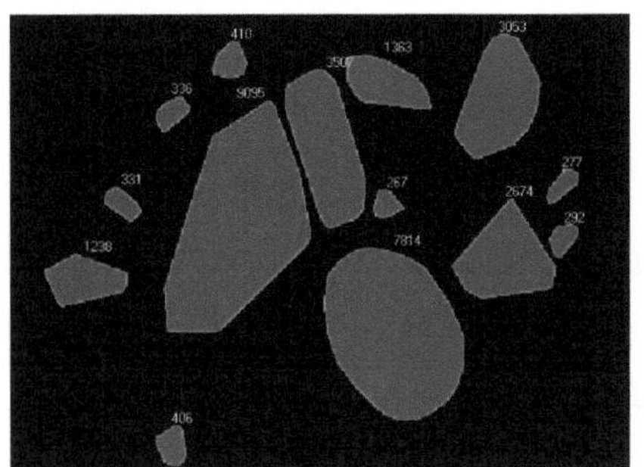

Fig. (5.14), resultados de filtrada FOTO17

Objetos	Areas
1	3053
2	410
3	1363
4	3507
5	336
6	9095
7	277
8	331
9	267
10	2674
11	292
12	7814
13	1238
14	406

Fig. (5.5), tabla de áreas por partícula FOTO17

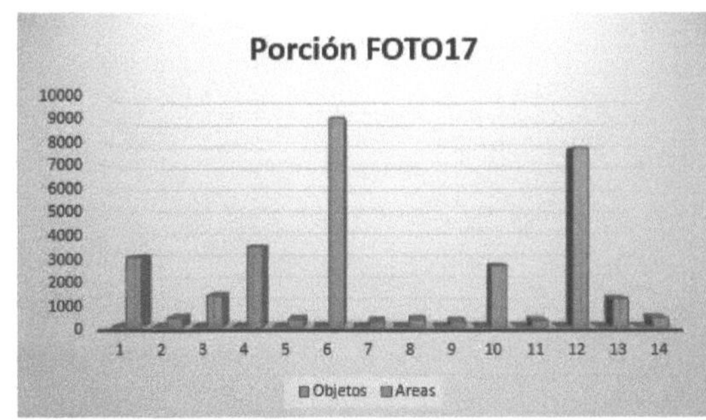

Fig. (5.15), Grafica de áreas FOTO17

En la tabla se encontraron 14 partículas las cuales muestran el área en pixeles, posteriormente se realizó una gráfica la cual muestra las diferencias de áreas.

5.7. Porción de FOTO16

Se realizó una toma de muestra del archivo de imagen marcado con el nombre de FOTO16.BMP, Fig. (5.16), se modificaron los parámetros del panel de control con la finalidad de mostrar mejores resultados del análisis. Los parámetros modificados fueron, Convertir los valores de pixeles "Square", Escala de Gris "Erod" y Operador Morfológico "Close". Los resultados obtenidos al filtrar, Fig. (5.17), tabla (5.6), áreas obtenidas, grafica de resultados (5.18).

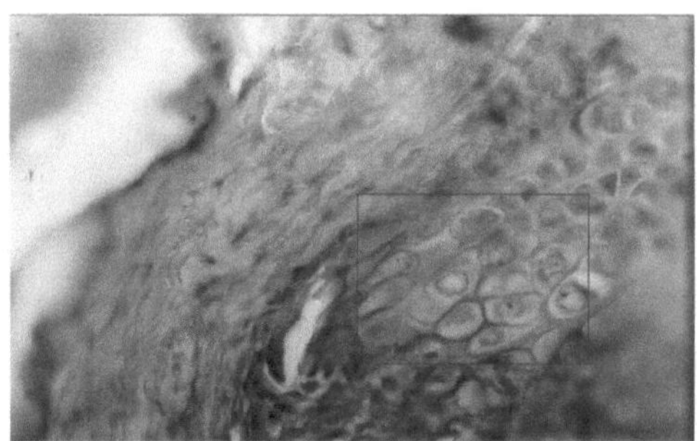

Fig. (5.16), toma de muestra FOTO16

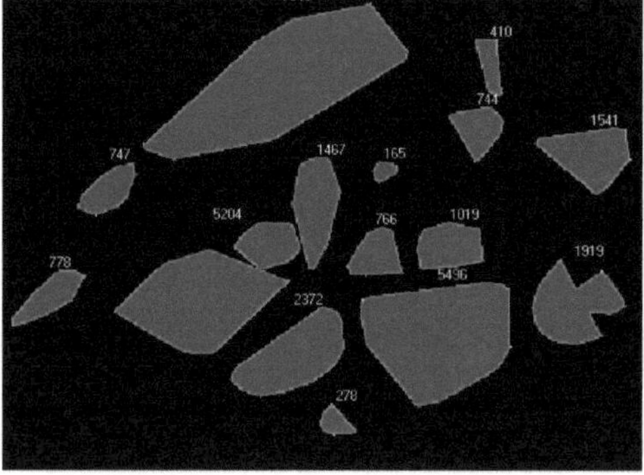

Fig. (5.17), resultados de filtrado

Objetos	Areas
1	7840
2	410
3	744
4	1541
5	1467
6	165
7	747
8	5204
9	1019
10	766
11	1919
12	778
13	5496
14	2372
15	278

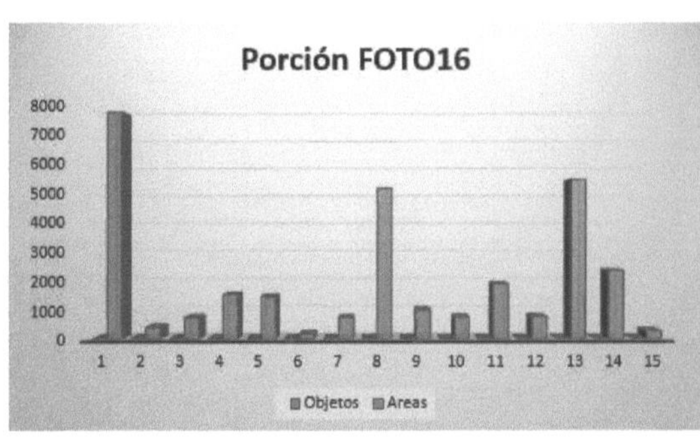

Fig. (5.18), Grafica de áreas FOTO16

Tabla (5.6) áreas por partícula FOTO16

En la tabla se encontraron 15 partículas las cuales muestran el área en pixeles, posteriormente se realizó una gráfica la cual muestra las diferencias de áreas.

5.8. Porción de FOTO19

Se realizó una toma de muestra del archivo de imagen marcado con el nombre de FOTO19.BMP, Fig. (5.19), se modificaron los parámetros del panel de control con la finalidad de mostrar mejores resultados del análisis. Los parámetros modificados fueron, Convertir los valores de pixeles "Square", Escala de Gris "Erod" y Operador Morfológico "Dilat". Los resultados obtenidos al filtrar, Fig. (5.20), tabla (5.7), áreas obtenidas, grafica de resultados (5.21).

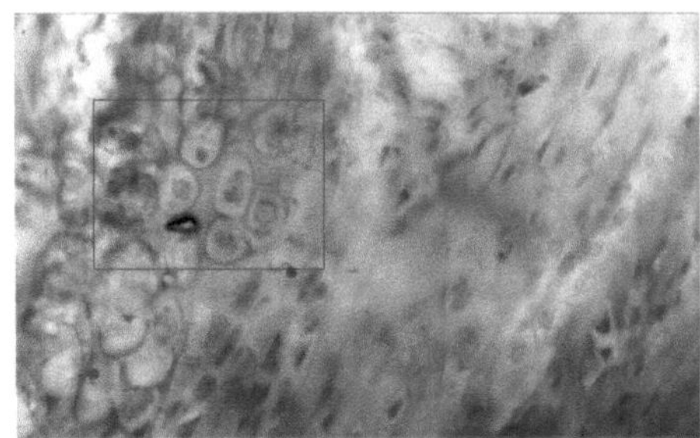

Fig. (5.19), toma de muestra FOTO19

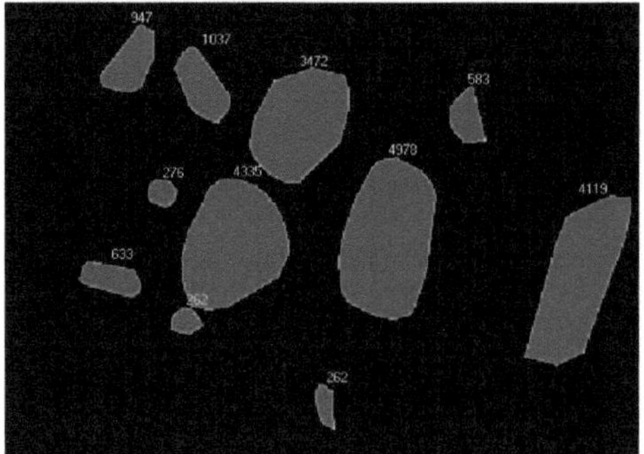

Fig. (5.20), resultados de filtrada FOTO19

Objetos	Areas
1	947
2	1037
3	3472
4	583
5	4978
6	4335
7	276
8	4119
9	633
10	262
11	262

Tabla (5.7) áreas por partícula FOTO19

Fig. (5.21), Grafica de áreas FOTO19

En la tabla se encontraron 11 partículas las cuales muestran el área en pixeles, posteriormente se realizó una gráfica la cual muestra las diferencias de áreas.

5.9. Porción de FOTO24

Se realizó una toma de muestra del archivo de imagen marcado con el nombre de FOTO24.BMP, Fig. (5.22), se modificaron los parámetros del panel de control con la finalidad de mostrar mejores resultados del análisis. Los parámetros modificados fueron, Convertir los valores de pixeles "Square", Escala de Gris "Erod" y Operador Morfológico "Dilat". Los resultados obtenidos al filtrar, Fig. (5.23), tabla (5.8), áreas obtenidas, grafica de resultados (5.24).

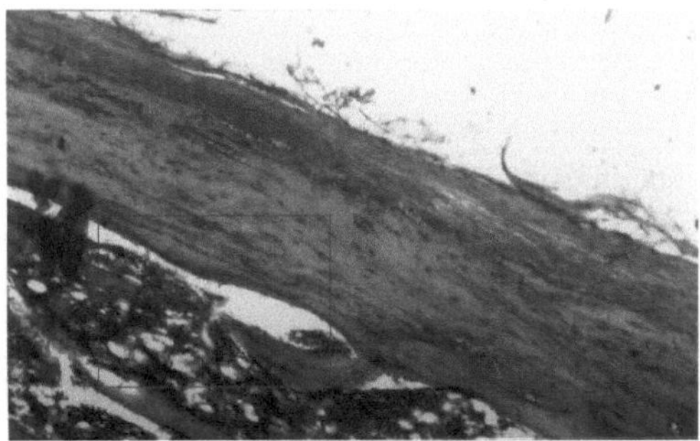

Fig. (5.22), toma de muestra FOTO24

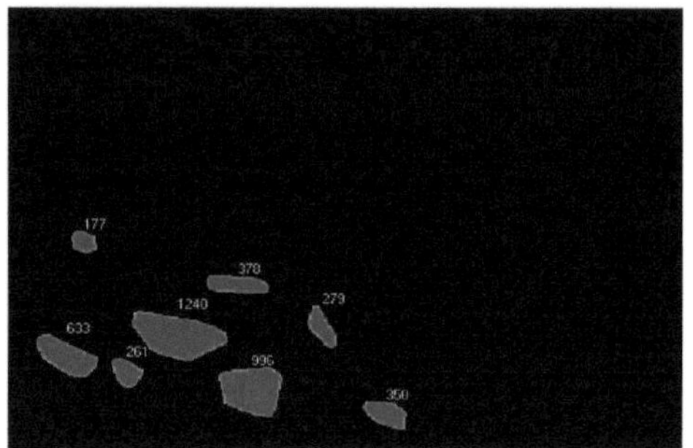

Fig. (5.23), resultados de filtrado FOTO24

Objetos	Areas
1	177
2	378
3	279
4	1240
5	633
6	261
7	996
8	350

Tabla (5.8) áreas por partícula FOTO24

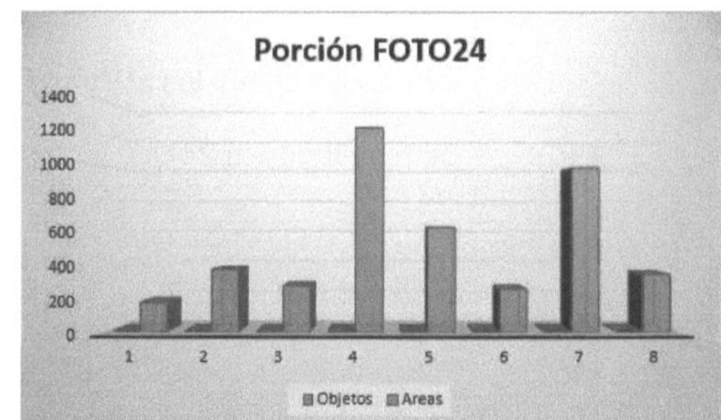

Fig. (5.24), Grafica de áreas FOTO24

En la tabla se encontraron 8 partículas las cuales muestran el área en pixeles, posteriormente se realizó una gráfica la cual muestra las diferencias de áreas.

5.10. Porción de FOTO25

Se realizó una toma de muestra del archivo de imagen marcado con el nombre de FOTO25.BMP, Fig. (5.25), se modificaron los parámetros del panel de control con la finalidad de mostrar mejores resultados del análisis. Los parámetros modificados fueron, Convertir los valores de pixeles "Square",

Escala de Gris "Erod" y Operador Morfológico "Dilat". Los resultados obtenidos

al filtrar, Fig. (5.26), tabla (5.9), áreas obtenidas, grafica de resultados (5.27).

Fig. (5.25), toma de muestra FOTO25

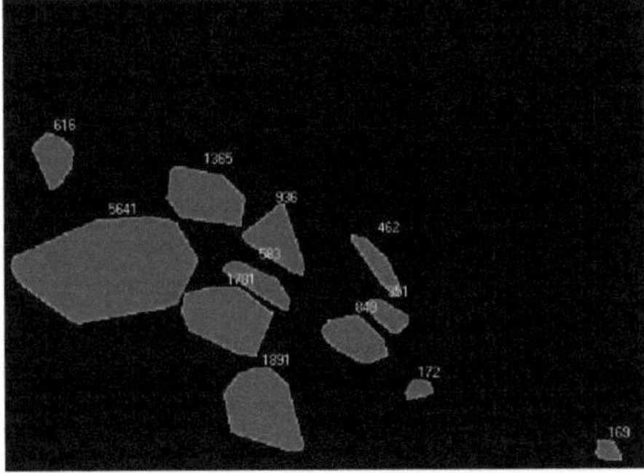

Fig. (5.26), resultados de filtrado FOTO25

Objetos	Areas
1	616
2	1365
3	936
4	5641
5	462
6	583
7	1781
8	351
9	849
10	1891
11	172
12	169

Tabla (5.9) áreas por partícula FOTO25

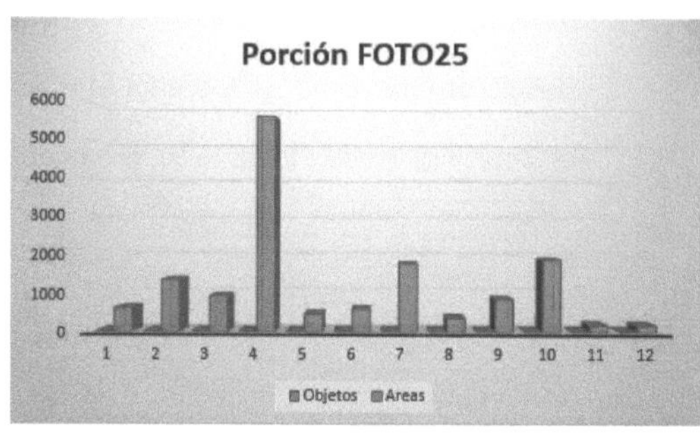

Fig. (5.27), Grafica de áreas FOTO25

En la tabla se encontraron 12 partículas las cuales muestran el área en pixeles, posteriormente se realizó una gráfica la cual muestra las diferencias de áreas.

5.11. Porción de FOTO29

Se realizó una toma de muestra del archivo de imagen marcado con el nombre de FOTO29.BMP, Fig. (5.28), se modificaron los parámetros del panel de control con la finalidad de mostrar mejores resultados del análisis. Los parámetros modificados fueron, Convertir los valores de pixeles "Square", Escala de Gris "Erod" y Operador Morfológico "Dilat". Los resultados obtenidos al filtrar, Fig. (5.29), tabla (5.10), áreas obtenidas, grafica de resultados (5.30).

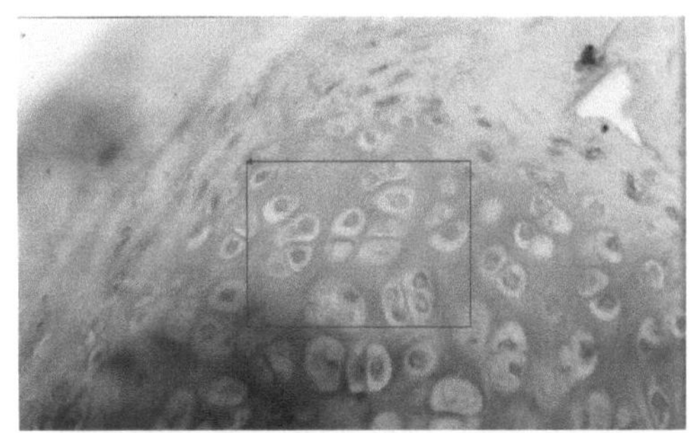

Fig. (5.28), toma de muestra FOTO29

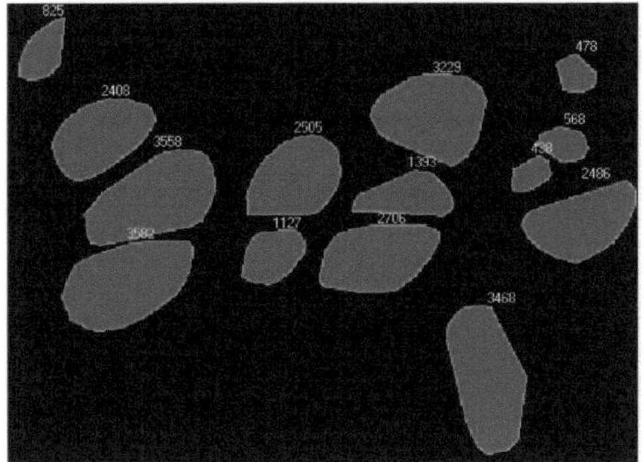

Fig. (5.29), resultados de filtrado FOTO29

Objetos	Areas
1	825
2	478
3	3229
4	2408
5	568
6	2505
7	3558
8	438
9	1393
10	2486
11	2706
12	1127
13	3582
14	3468

Tabla (5.10) áreas por partícula FOTO29

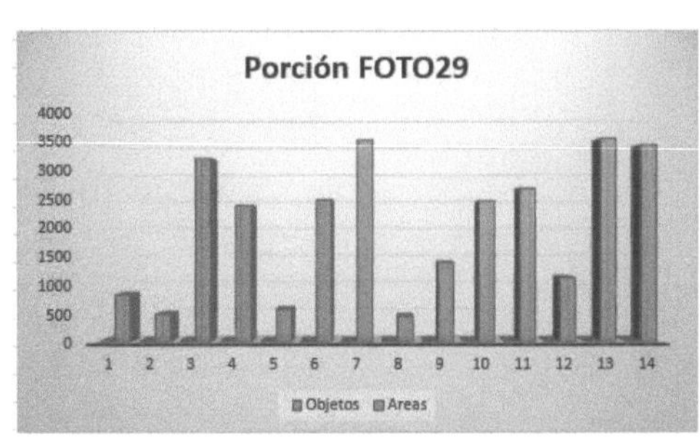

Fig. (5. 27), Grafica de Áreas FOTO29

73

En la tabla se encontraron 14 partículas las cuales muestran el área en pixeles, posteriormente se realizó una gráfica la cual muestra las diferencias de áreas.

5.12. Porción dos de FOTO29

Se realizó una toma de muestra del archivo de imagen marcado con el nombre de FOTO29.BMP, Fig. (5.31), se modificaron los parámetros del panel de control con la finalidad de mostrar mejores resultados del análisis. Los parámetros modificados fueron, Convertir los valores de pixeles "Square", Escala de Gris "Erod" y Operador Morfológico "Dilat". Los resultados obtenidos al filtrar, Fig. (5.32), tabla (5.11), áreas obtenidas, grafica de resultados (5.33).

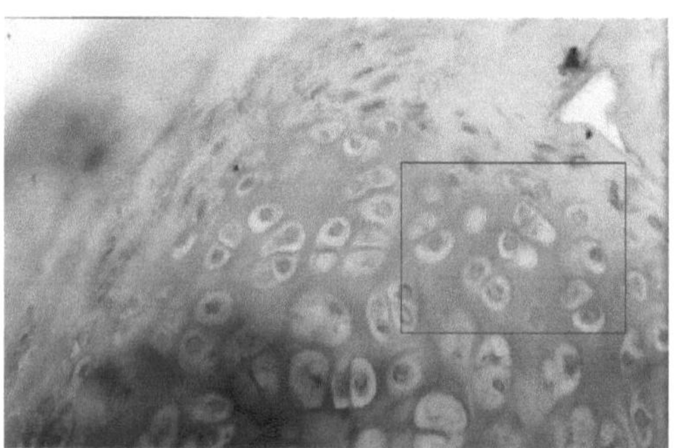

Fig. (5.31), toma de muestra FOTO29 2

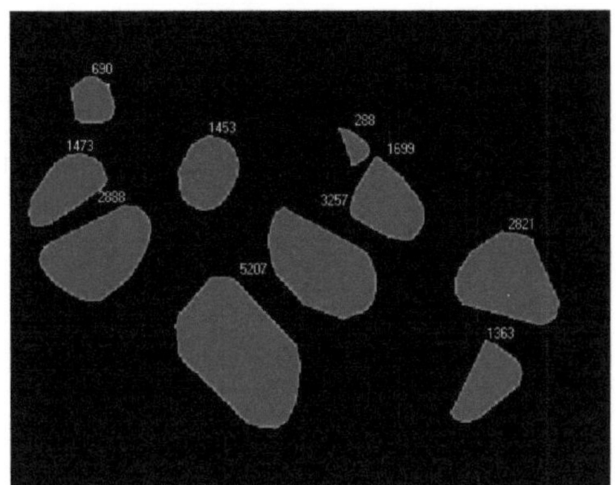

Fig. (5.32), resultados de filtrado FOTO29 2

Objetos	Areas
1	690
2	288
3	1453
4	1473
5	1699
6	2888
7	3257
8	2821
9	5207
10	1363

Tabla (5.11) áreas por partícula FOTO29

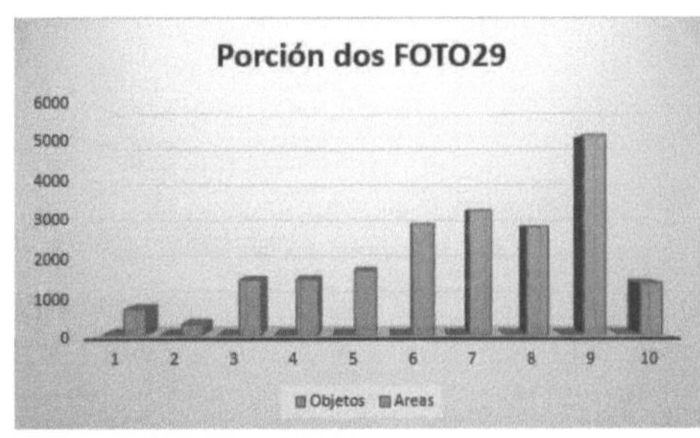

Fig. (5.33), Grafica de resultados FOTO29 2

En la tabla se encontraron 10 partículas las cuales muestran el área en pixeles, posteriormente se realizó una gráfica la cual muestra las diferencias de áreas.

5.13. Porción de FOTO30

Se realizó una toma de muestra del archivo de imagen marcado con el nombre de FOTO30.BMP, Fig. (5.33), se modificaron los parámetros del panel de control con la finalidad de mostrar mejores resultados del análisis.

Los parámetros modificados fueron, Convertir los valores de pixeles "Square", Escala de Gris "Erod" y Operador Morfológico "Dilat". Los resultados obtenidos al filtrar, Fig. (5.34), tabla (5.12), áreas obtenidas, grafica de resultados (5.35).

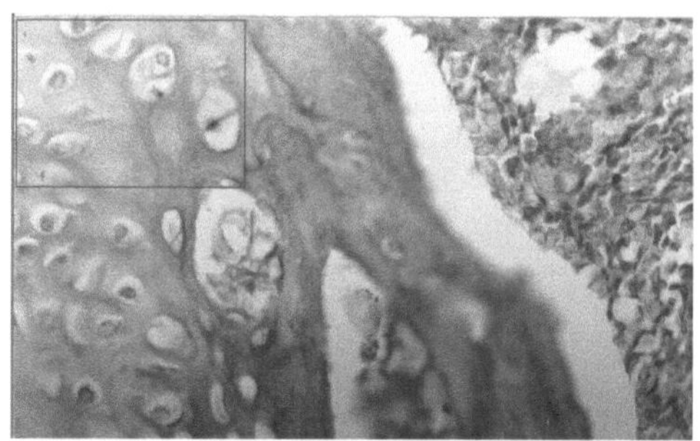

Fig. (5.33), toma de muestra FOTO30

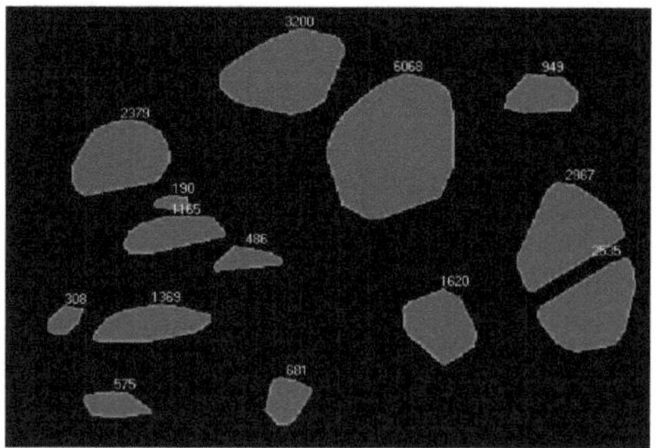

Fig. (5.34), resultados de filtrado FOTO30

Objetos	Areas
1	3200
2	6068
3	949
4	2379
5	2967
6	190
7	1165
8	486
9	2535
10	1620
11	1369
12	308
13	681
14	575

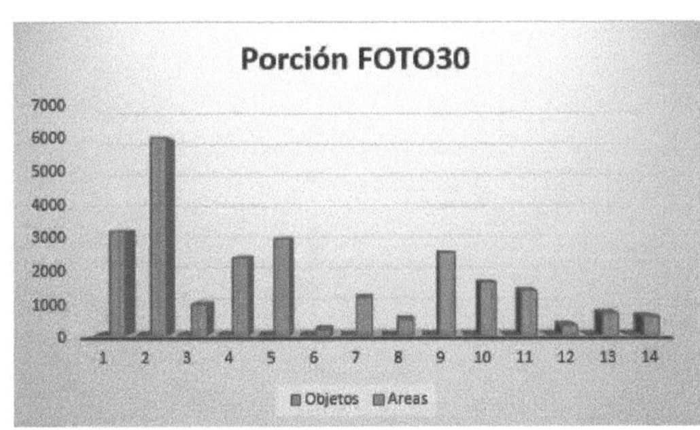

Fig. (5.35), Grafica de Áreas FOTO30

Tabla (5.12) áreas por partícula FOTO30

En la tabla se encontraron 14 partículas las cuales muestran el área en pixeles, posteriormente se realizó una gráfica la cual muestra las diferencias de áreas.

5.14. Porción de FOTO32

Se realizó una toma de muestra del archivo de imagen marcado con el nombre de FOTO32.BMP, Fig. (5.36), se modificaron los parámetros del panel de control con la finalidad de mostrar mejores resultados del análisis. Los parámetros modificados fueron, Convertir los valores de pixeles "Exp", Escala de Gris "AutoM" y Operador Morfológico "Dilat". Los resultados obtenidos al filtrar, Fig. (5.37), tabla (5.13), áreas obtenidas, grafica de resultados (5.38).

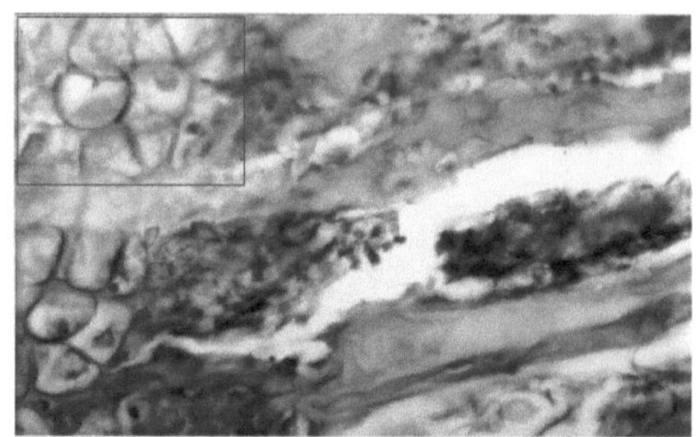

Fig. (5.36), toma de muestra FOTO32

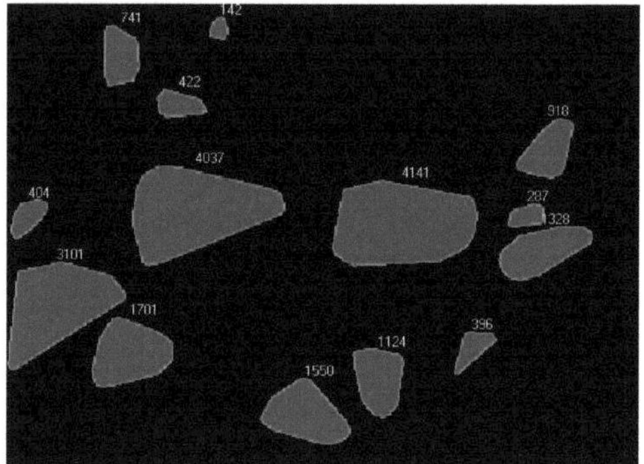

Fig. (5.37), resultados de filtrado FOTO32

Objetos	Areas
1	142
2	741
3	422
4	918
5	4037
6	4141
7	404
8	287
9	1328
10	3101
11	1701
12	396
13	1124
14	1550

Tabla (5.13) áreas por partícula FOTO32

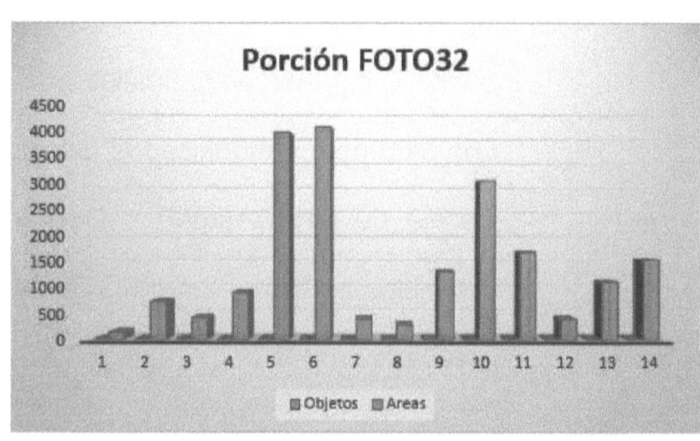

Fig. (5.38), Grafica de Áreas FOTO32

En la tabla se encontraron 14 partículas las cuales muestran el área en pixeles, posteriormente se realizó una gráfica la cual muestra las diferencias de áreas.

5.15. Porción de D040

Se realizó una toma de muestra del archivo de imagen marcado con el nombre de D040.tif, Fig. (5.39), se modificaron los parámetros del panel de control con la finalidad de mostrar mejores resultados del análisis. Los parámetros modificados fueron, Convertir los valores de pixeles "Squre", Escala de Gris "Erod" y Operador Morfológico "Dilat". Los resultados obtenidos al filtrar, Fig. (5.40), tabla (5.13), áreas obtenidas, grafica de resultados (5.41).

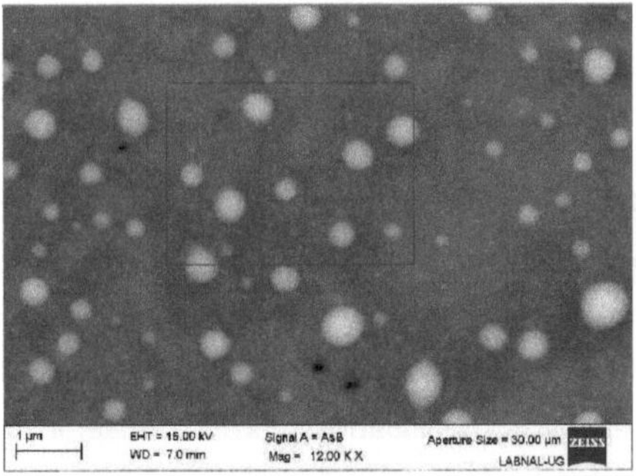

Fig. (5.39), toma de muestra D040

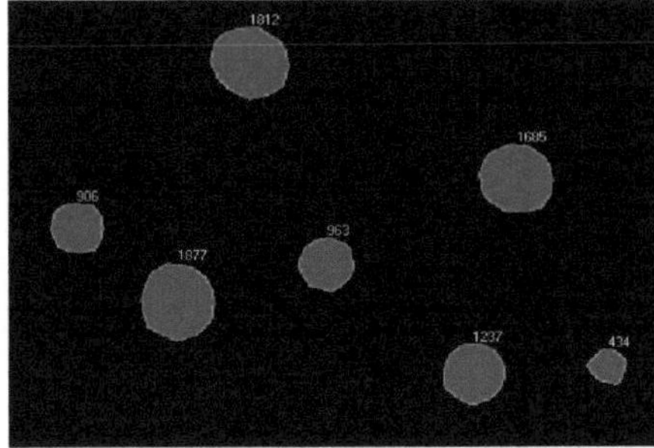

Fig. (5.40), resultados de filtrado D040

Objetos	Areas
1	1812
2	1685
3	906
4	963
5	1877
6	1237
7	434

Tabla (5.14) áreas por partícula D040

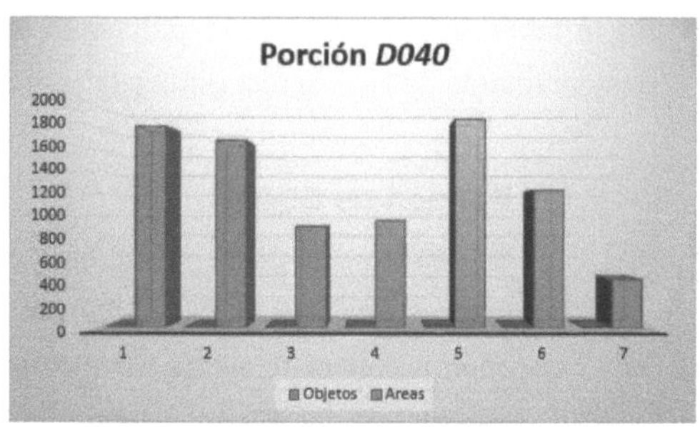

Fig. (5.41), Grafica de Áreas D040

En la tabla se encontraron 8 partículas las cuales muestran el área en pixeles, posteriormente se realizó una gráfica la cual muestra las diferencias de áreas.

5.16. Porción de D040

Se realizó una toma de muestra del archivo de imagen marcado con el nombre de D040.tif, Fig. (5.42), se modificaron los parámetros del panel de control con la finalidad de mostrar mejores resultados del análisis. Los parámetros modificados fueron, Convertir los valores de pixeles "Squre", Escala de Gris "Erod" y Operador Morfológico "Dilat". Los resultados obtenidos al filtrar, Fig. (5.43), tabla (5.14), áreas obtenidas, grafica de resultados (5.44).

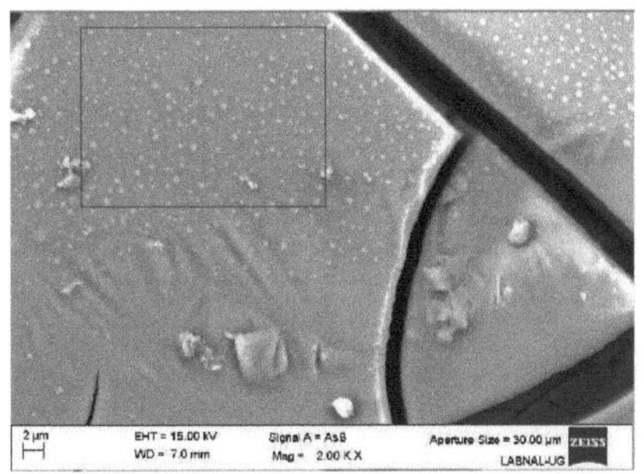

Fig. (5.39), toma de muestra D039

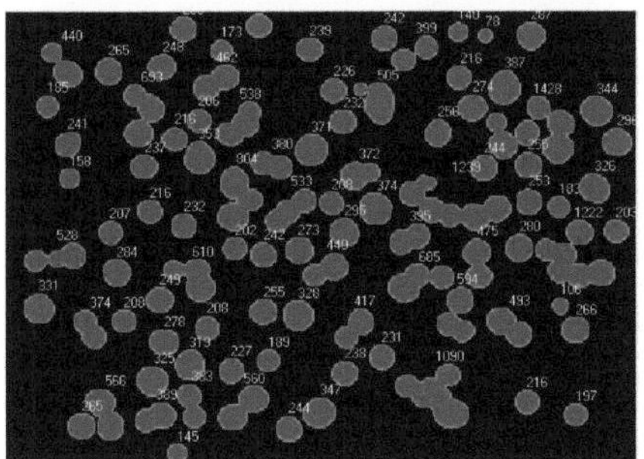

Fig. (5.40), resultados de filtrado D039

Objetos	Areas	Objetos	Areas	Objetos	Areas	Objetos	Areas	Objetos	Areas
1	222	21	1428	41	533	61	610	81	1090
2	236	22	344	42	253	62	685	82	325
3	140	23	538	43	208	63	249	83	383
4	287	24	206	44	374	64	594	84	560
5	242	25	232	45	183	65	331	85	566
6	78	26	256	46	216	66	106	86	216
7	399	27	216	47	232	67	255	87	347
8	239	28	296	48	295	68	328	88	389
9	173	29	241	49	207	69	417	89	197
10	440	30	371	50	1222	70	493	90	265
11	248	31	353	51	203	71	374	91	244
12	265	32	380	52	395	72	208	92	145
13	462	33	255	53	280	73	208		
14	216	34	237	54	202	74	266		
15	387	35	244	55	273	75	278		
16	226	36	372	56	475	76	231		
17	505	37	804	57	528	77	319		
18	693	38	158	58	242	78	189		
19	185	39	326	59	440	79	227		
20	274	40	1239	60	284	80	238		

Tabla (5.15) áreas por partícula D039

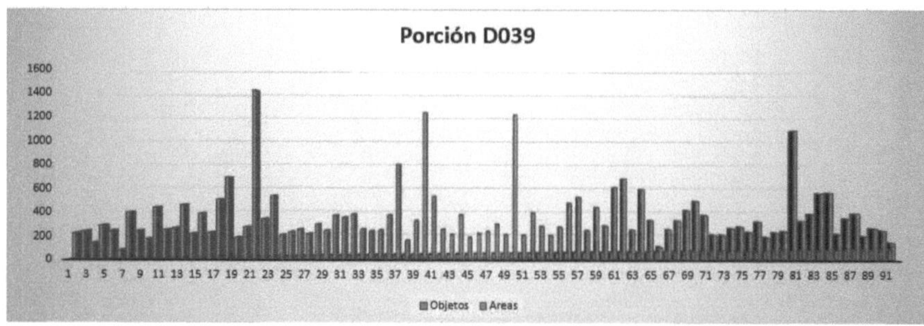

Fig. (5.41), Grafica de Áreas D039

Conclusiones

Las conclusiones que podemos observar de este trabajo, con la necesidades de implementar un sistema de corte, filtrado, cuantificación y cálculo de áreas de una imagen digital, esto en el ámbito de medición de células en un imagen digital tomada con un microscopio electrónico.

Como se ha podido observar en el proyecto los conteos de partículas y el cálculo de áreas es completo, tanto la suma de las misma y guardado de la información resultante.

Aunque el graficado de los datos es generado en otra aplicación los resultados son congruentes con las necesidades.

El problema con la medición de células es que se hace de manera manual, con la aplicación se estaría cuantificado y comprando resultado de forma numérica y de forma gráfica de resultados.

En otra conclusión LabVIEW me dio la pauta para ampliar los conocimientos que me pueden ser útiles a lo largo de mi vida ya sea laborar o de compartir conocimientos a mis semejantes.

Recomendaciones

Una de las principales recomendación, es que la aplicación está diseñada para imágenes de resolución de un mínimo de 200 ppp (punto por pulgada) .y que contengan características de muestras de células.

Al cargar las imágenes debe de hacer un corte el cual no salga de los rangos permitidos.

Mover los controles del panel de control en caso de ser necesario, las opciones que vienen en especificas por defectos son seleccionados para la gran mayoría de las imágenes, del tal forma que si se tiene necesidad de moverlo sería antes de generar el punto de corte de la imagen.

Los datos de preferencia de deberá asignar la extensión .XLS, que le permitirá ver la tabla de datos en la apelación de hojas electrónicas.

Bibliografía

[1]García, V. M. (2008) Procesamiento Digital de Imágenes. *Universidad Tecnológica de la Mixteca*. 1.

[2]http://www.kramirez.net/Robotica/Material/Libros/VisionArtificial_Procesamien toDigitalImagenes_UsandoMatlab/Cap-III.pdf

[4] Ledda I. Larcher, Enrique M. Biasoni, Carlos A. Cattaneo, Ana I. Ruggeri. (2011) Algoritmo Para Detección De Bordes Y Ulterior Determinación De Objetos En Imágenes Digitales. *Facultad de Agronomía y Agroindustrias, Universidad Nacional de Santiago del Ester.* 1.

[5] Cristina Isaza Esguerra (2006) Dinámica no lineal del crecimiento de células vegetales cultivadas in vitro, caracterizada mediante análisis digital de imágenes (ADI) y de la dimensión
fractal (ADF). *Facultad de Ingeniería, Universidad de La Sabana.* 1.

[6] Moreira Q, J, Valencia D, Vladimir, Chávez B, P, (2008), Implementación de un Algoritmo para la Detección y Conteo de Células en Imágenes Microscópicas. *Facultad Ingeniería en Electricidad y Computación.* 1.

[7] Beatriz A. Sabino, José A. Márquez, Jesús M. Campos, (2011), Segmentación de Células de la Levadura Saccharomyces cerevisiae. *Temas de Ciencia y tecnologías.* 1.

[8] http://www.biologia.arizona.edu/cell/act/onion/activity_description.html, Proyecto Biológico-Biología Celular.

[9] Alfredo M. Berrocal*,**, Raúl H. Blas* , Joel Flores*, María A. Siles, (2013), Evaluación del potencial mutagénico de biocidas (vertimec y pentacloro).

[10] http://www.slideshare.net/ingenieriageologica1/capitulo-vi-procesamiento-digital-de-una-imagen. 20/06/2013

[11] http://www.teledet.com.uy/tutorial-imagenes-satelitales/estructura-imagenes-digitales.htm 20/06/2013

[12] http://www.library.cornell.edu/preservation/tutorial-spanish/contents.html, 4/28/2003, Llevando la teoría a la práctica, tutorial de imágenes digitales.

[13] Vicente A, V, (2013), Histograma de una imagen digital. Informática de sistemas y computadores (DISCA), Universidad Politécnica de Valencia.

[14] http://www.ni.com/pdf/manuals/372228m.pdf, NI Vision Assistant Tutorial (2017).

[15] http://www.ni.com/vision/whatis/esa/ , descripción tienda y soporte del módulo de visión de National Instruments. (2017).

Anexos

1. NI Vision Assistant

Agrego anexos los cuales describen las características de uso del NI Vision Assistant, este módulo es utilizado con la finalidad de generar una secuencia de proceso con los cuales de pude filtrar una imagen, utilizado este módulo se puede generar un código más preciso del objetivo al cual se quiere llegar Fig. (6.1).

Fig. (6.1) Icono de acceso directo NI Vison Assistant

Interface de la aplicación de NI Vision Assitant, la cual tiene un conjunto de proceso para desarrollar el código con el cual se filtrara la imagen. La interfaz tiene ciertas reglas a seguir para llegar el correcto filtrado de una imagen. Fig (2). [14]

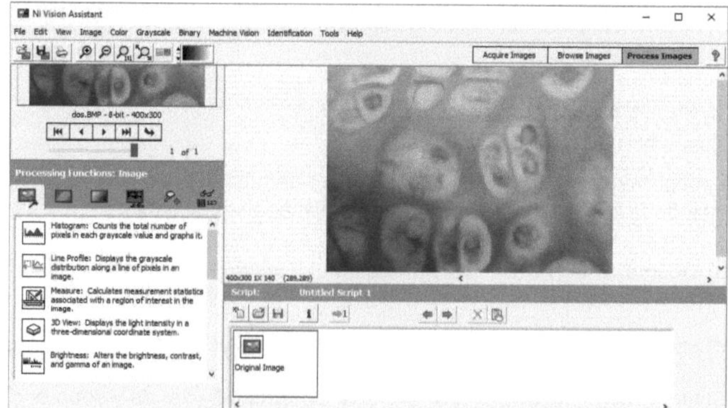

Fig. (6.2), Interfaz de NI Vision Assistant

2. Módulo de NI Vision

National Instruments ofrece herramientas de hardware y software para adquisición y procesamiento de imagen, para resolver aplicaciones como control de calidad y procesos, pruebas automatizadas para aplicaciones de semiconductores, automotrices y electrónicas, monitoreo inteligente e imagenología médica.

Las áreas de aplicación del módulo de NI Vision son la automotriz, aeroespacial, la validación electrónica, la comida, la medicina y la ciencia, entre otras [15]. Fig. (3)

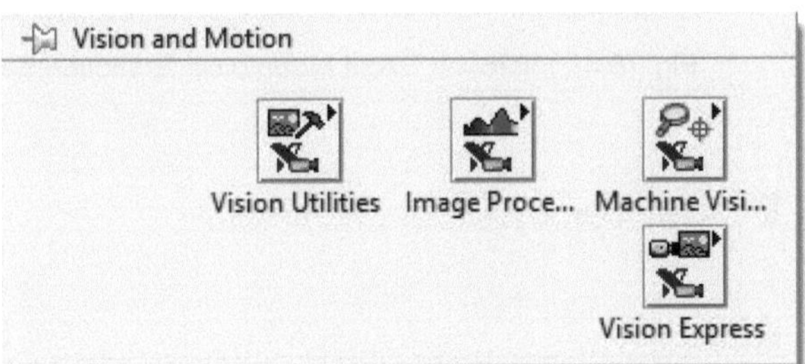

Fig. (6.3) Modulo Vision and Motion

3. Microsoft Excel

Graficas de Microsoft Excel, los datos son almacenados en un archivo de texto el cual se puede abrir en el software de hojas electrónicas el cual nos permite graficar. Fig. (6.4).

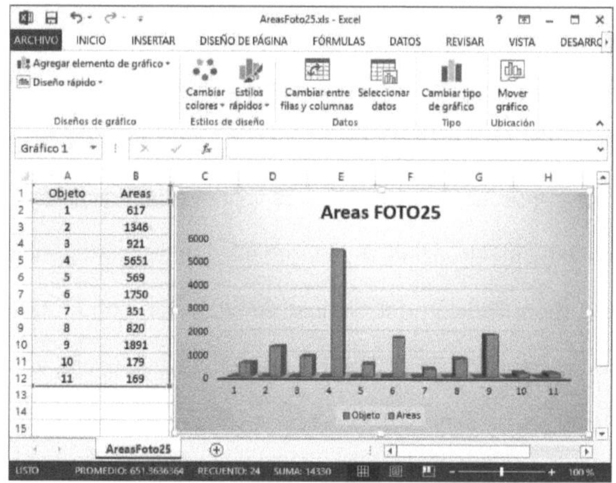

Fig. (6.4), Microsoft Excel Modulo de Graficado de datos

More
Books!

OMNIScriptum

Printed by Books on Demand GmbH, Norderstedt / Germany